高职高专电梯工程技术专业规划教材

电梯结构与原理

第二版

程一凡　主编　马幸福　副主编

陈炳炎　吴　哲　杜新明　主审

化学工业出版社

·北京·

内 容 提 要

　　本教材将电梯的基本结构及其工作原理分为10大模块，实施模块教学方法，具体为电梯基础知识、电梯的结构原理、曳引系统、轿厢和门系统、重量平衡系统、导向系统、安全保护系统、自动扶梯和自动人行道、液压电梯、杂物电梯。

　　本教材不仅可作为高职高专院校机电一体化、电梯及相关专业教材，也适合电梯从业人员岗前培训使用。

图书在版编目（CIP）数据

　　电梯结构与原理/程一凡主编. —2版. —北京：化学工业出版社，2020.8（2024.5重印）
　　高职高专电梯工程技术专业规划教材
　　ISBN 978-7-122-36962-8

　　Ⅰ.①电⋯　Ⅱ.①程⋯　Ⅲ.①电梯-基本知识-高等职业教育-教材　Ⅳ.①TU857

　　中国版本图书馆CIP数据核字（2020）第084361号

责任编辑：刘　哲　　　　　　　　　　　装帧设计：张　辉
责任校对：刘曦阳

出版发行：化学工业出版社（北京市东城区青年湖南街13号　邮政编码100011）
印　　刷：三河市航远印刷有限公司
装　　订：三河市宇新装订厂
787mm×1092mm　1/16　印张10　字数240千字　2024年5月北京第2版第5次印刷

购书咨询：010-64518888　　　　　　　　　售后服务：010-64518899
网　　址：http://www.cip.com.cn
凡购买本书，如有缺损质量问题，本社销售中心负责调换。

定　　价：32.00元

前言

本书自 2016 年出版以来，许多学生和老师与我们联系，指出了书中一些文字错误并提供了一些修正意见。另外，随着电梯技术的发展和国家标准化管理委员会批准 GB 7588—2003《电梯制造与安装安全规范》国家标准第 1 号修改单执行，决定对第一版进行修订。此次修订主要有以下几方面：

1. 规范电梯新的专业术语和纠正一些文字错误；

2. 内容做了一些调整，把模块二（电梯的结构原理）中的平衡系数调至模块五（重量平衡系统）中；

3. 增加轿厢意外移动的介绍，轿厢平层准确度的介绍，轿门运行过程中保护介绍，自动扶梯安全保护装置的介绍；

4. 在附录中增加电梯土建整体布置图和自动扶梯土建布置图。

本书通过"电梯结构与原理"知识模块化设计，帮助读者掌握电梯的基本结构及其工作原理。我们从整体构架上针对高职学生或电梯职业技术培训人员，结合现阶段电梯技术的发展和应用，经过科学的行业企业调研，了解电梯技术行业对人才的要求，把整书内容分为10 大模块，实施模块教学方法设计，具体内容包括电梯基础知识、电梯的结构原理、曳引系统、轿厢和门系统、重量平衡系统、导向系统、安全保护系统、自动扶梯和自动人行道、液压电梯、杂物电梯。

本书注重工作原理的解析，结合 GB 7588—2003 的新要求，深入浅出，循序渐进，内容全面，图文并茂，不仅可作为高职高专院校机电一体化、电梯及相关专业教材，也适合电梯从业人员岗前培训使用，对电梯从业人员熟练快速地掌握电梯结构和原理，参与指导电梯生产制造、安装维修、管理使用等将起重要作用。

本书由湖南电气职业技术学院程一凡任主编，马幸福任副主编，参加编写的还有李邦彦、张亮峰、万海如、周献。全书共分 10 个模块，模块一到模块四由程一凡编写，模块五、模块六由马幸福编写，模块七由周献编写，模块八由万海如编写，模块九由张亮峰编写，模块十由李邦彦编写。全书由程一凡统稿，陈炳炎、吴哲、杜新明主审。

由于编者水平所限，书中不足之处在所难免，恳请读者批评指正。

编者

目录

模块十 杂物电梯

附 录

参考文献

模块一　电梯基础知识

【知识目标】

① 电梯的起源与发展。

② 电梯的属性。

③ 电梯的类别、主要参数和规格尺寸。电梯按用途分类可分为乘客电梯及载货电梯等，按速度分类可分为低速梯、快速梯、高速梯等。额定载重量（kg）和额定速度（m/s）为主参数。

④ 电梯与建筑物的关系。电梯产品的质量在一定程度上取决于安装质量，而安装质量又取决于制造质量和建筑物的质量。

【能力目标】

① 通过专业认知教育，了解电梯的起源与发展、电梯的定义及分类。

② 通过参观实物电梯或模拟电梯，了解电梯的主要参数、电梯与建筑物的关系。

【知识链接】

1.1　电梯的起源与发展

1.1.1　电梯的发明

人类利用升降工具运输货物和人的历史非常悠久。早在公元前 2600 年，埃及人在建造金字塔时就使用了最原始的升降系统（图 1-1），这套系统的基本原理至今仍无变化，即一个平衡物下降的同时，负载平台上升。早期的升降工具基本以人力为动力。1203 年，在法国海岸边的一个修道院里安装了一台以驴为动力的起重机，逐步取代了用人力运送重物的历史。英国科学家瓦特发明蒸汽机后，起重机装置开始采用蒸汽为动力。紧随其后，威廉·汤姆逊研制出用液压驱动的升降梯，液压的介质是水。在这些升降梯的基础上，一代又一代富有创新精神的工程师们不断地改进升降机的技术。然而，一个关键的安全问题始终没有得到解决，那就是一旦升降机拉升缆绳发生断裂，负载平台一定会发生

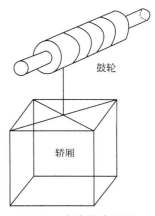

图 1-1　古代升降系统

坠毁事故。

1854年，在纽约水晶宫举行的世界博览会上，美国人伊莱沙格雷夫斯·奥的斯第一次向世人展示了他的发明。他站在装满货物的升降机平台上，命令助手将平台拉升到观众都能看得到的高度，然后发出信号，令助手用利斧砍断了升降梯的提拉缆绳。令人惊讶的是，升降机并没有坠毁，而是牢牢地固定在半空中——奥的斯发明的升降机安全装置发挥了作用。"一切安全，先生们。"站在升降梯平台上的奥的斯向周围观看的人们挥手致意。这就是人类历史上第一部安全升降机（图1-2）。

奥的斯的发明彻底改写了人类使用升降工具的历史。从那以后，搭乘升降梯不再是勇敢者的游戏，升降梯在世界范围内得到广泛应用。1889年12月，美国奥的斯电梯公司制造出了名副其实的电梯，它采用直流电动机为动力，通过蜗轮减

图1-2　奥的斯公开表演他设计的安全装置

速器带动卷筒上缠绕的绳索，悬挂并升降轿厢。1892年，美国奥的斯公司开始采用按钮操纵装置，取代传统的轿厢内拉动绳索的操纵方式，为操纵方式现代化开了先河。

1.1.2　电梯产品的发展简史

电梯是随着人类文明的崛起而发展起来的。通过长期的研究与实践，人们终于先后制造出了人力卷扬机、蒸汽机、液压梯及水压梯等。1853年，美国制造商奥的斯发明了以蒸汽机作动力的载人升降机。用电力拖动的电梯，是美国奥的斯电梯公司于1889年首先推出的，它安装在纽约的戴纳斯特大厅里。这台电梯由直流电动机直接带动蜗轮蜗杆传动，通过卷筒升降轿厢，被称为鼓轮式电梯，如图1-3所示。这种电梯类似卷扬机，钢丝绳一端固定在轿厢上，另一端固定在鼓轮上。电动机正转拖动鼓轮转动，钢丝绳卷绕在鼓轮上使轿厢上升；电动机反转使钢丝绳释放，轿厢则下降。鼓轮式电梯在提升高度、钢丝绳根数、载重量方面都有一定的局限性，在安全运行方面也存在着缺陷，因而没能得到发展，取而代之的是美国奥的斯电梯公司于1903年推出的曳引式电梯。

曳引式电梯是由电动机带动曳引轮转动，钢丝绳通过曳引轮绳槽一端固定在轿厢上，另一端固定在对重上，钢丝绳与曳引轮间产生摩擦力，带动轿厢运动，如图1-4所示。轿厢上升时，对重下降；轿厢下降时，对重上升。由于曳引式电梯克服了提升高度、载重量方面的限制和安全运行方面的缺陷，因而得到了广泛的运用。

19世纪，电梯的动力源是直流电源，采用直流电动机拖动，直到1900年，交流电动机才被应用在电梯上。随着交流双速电动机的出现，电梯的速度得以提高，并改善了电梯的平层准确性和舒适感，交流电梯有了发展，随即第一台自动扶梯试制成功。与此同时又研制出了电动机-发电机组及采用直流变压方法的直流电梯，制成了无齿轮直流高速电梯，使电梯的拖动性能更加完善。

1915年，电梯自动平层控制系统设计成功。

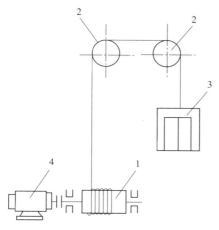

图 1-3　鼓轮式电梯传动示意图

1—鼓轮；2—滑轮；3—轿厢；4—电动机

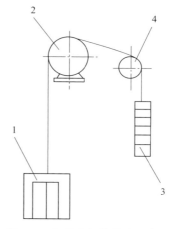

图 1-4　曳引式电梯传动示意图

1—轿厢；2—曳引轮（含电动机）；3—对重；4—滑轮

1939 年，出现了 6m/s 的高速电梯。

1949 年，出现了群控电梯，首批 4～6 台群控电梯在纽约的联合国大厦使用。

1953 年，第一台自动人行道试制成功。

1955 年，出现了小型计算机（真空管）控制的电梯。

1962 年，8m/s 的超高速电梯投入市场。

1963 年，制成了无触点半导体逻辑控制电梯。

1967 年，晶闸管应用于电梯，使电梯拖动系统结构简化，性能提高。

1971 年，集成电路被用于电梯。

1972 年，出现了数控电梯。

1976 年，微机开始用于电梯，使电梯的电气控制进入了一个新的发展时期。

20 世纪 80 年代初，出现了交流调频、调压电梯，开拓了电梯电力拖动的新领域，结束了直流电梯独占高速领域的局面。

1984 年，日本推出了用交流电动机变压变频调速拖动系统（VVVF 系统）。

1989 年，诞生了第一台直线电动机电梯。它取消了电梯的机房，对电梯的传统技术做了巨大的革新，使电梯技术进入了一个新的发展阶段。

1996 年，芬兰通力电梯公司发布了革新设计的无机房电梯，由扁平的永久磁铁电机驱动，电机固定在井道顶部侧面的导轨上，由钢丝绳传动牵引轿厢。同年，三菱电机公司开发了采用永磁电机无齿轮曳引机和双盘式制动系统的双层轿厢高速电梯，安装于上海的 Mori 大厦。

高楼大厦的兴建，促进了电梯的发展；电梯性能的不断完善，又加快了高楼大厦的兴建。楼层在不断地增高，人们在城市中的活动空间亦在不断地拓展，电梯在人们的日常生活中的作用也变得越来越重要。

1.1.3　国外电梯发展现状

当今世界，电梯生产发展迅速，竞争激烈。世界上主要电梯生产厂商均为跨国公司，其中以美国奥的斯电梯公司和瑞士迅达电梯公司历史最长，它们都有着近百年甚至更长的电梯生产历史，无论是电梯的产量、品种、技术还是经济实力均堪称一流。近 20 年来，日本的电梯工业水平发展很快，尤其是日本三菱电梯公司推出变频变压调速的新型交流调速拖动系统以来，世界交流调速拖动控制技术的水平大大提高，在此推动下，各大电梯生产厂商纷纷行动，在这一技术领域展开了激烈的竞争。

在电子技术飞速发展的今天，高性能的电子元器件不断出现，价格不断下降，电梯的控制系统广泛采用微机控制，使电梯的运行性能有了飞跃的发展和提高：提高了可靠性，减少了故障，减少了设备投资，降低了能耗。

目前世界电梯技术的提高主要表现在以下几个方面。

① 微电脑在电梯控制系统中得到日益广泛的运用，从而取代了传统的数量众多的继电器有触点控制系统及 PLC 控制方式，大大缩小了控制柜的尺寸，减少了机房占地面积，这在高层电梯上尤为显著。除电梯安全规范规定的安全保护回路必须由有触点的电气元件组成外，其余大部分控制电路都采用了微电子固态电路，提高了电梯的运行性能和使用效率，减少了乘客的等候时间，使得乘用电梯变得更方便、更快捷。现已得到大量应用的有奥的斯电梯公司的 ELEVONC-301 和 401 系统、迅达电梯公司的 Miconic-B 和 V 系统、日本三菱电梯公司的 0S2100 系统等。

② 应用交流感应电动机的交流调速电梯得到了广泛的应用，在很大范围内取代了耗能量大的直流发电机——电动机拖动的电梯。自 20 世纪 80 年代初日本三菱公司推出变频变压调速拖动系统以来，该项技术已日益成熟。这种拖动技术可以降低电梯所在大楼的电源容量，减少机房载荷，节省能耗，且运行可靠。其他在中国的跨国电梯公司也陆续推出调频调压拖动的交流中、高速乘客电梯。

③ 为了简化电梯的驱动控制系统，提高电梯运行的性能，当今国际上各主要电梯生产厂商都专门设计、制造出具有电梯拖动特性的交流感应电动机和低转速的直流电动机，以适应电梯的 IV 象限运行工作状态需要的交流永磁同步主机。电梯对此类主机的机械特性、启动力矩、单位时间启动次数等都有特殊的要求。

④ 曳引机结构性能正不断得到改善。曳引机的体积逐渐缩小，随着交流永磁同步主机的逐步完善，结构更为紧凑，减速比也在不断地提高。高效盘式或蝶式制动器的应用，使电梯曳引机实现了多点独立制动，大大增加了制动机构的安全可靠性，还使制动器具备了磨损监控、故障报警控制等功能。

⑤ 现代建筑形式的多样化，要求电梯结构有更大的适应性，能适应在不同结构、不同环境的建筑物中垂直运输的要求，各电梯生产厂商对电梯结构部件进行着不断的改善。如减小轿厢架的高度，以适应低层距、低顶层的大楼结构；采用新型缓冲器或改变传动方式而减小底坑深度；加强轿厢部件的防护以适应露天工作的需要。同时在结构设计中也致力于加强零部件的工作可靠性。

⑥ 在电梯品种上和装饰方面发展了双层轿厢的客梯和各种形状的观光游览电梯。电梯轿厢的内外装饰日益趋向于时尚、豪华，从而使乘客感到乘用这种电梯是一种享受。各电梯生产厂商在提高电梯运行速度的同时，对高速运行时的气流噪声和振动也设计了有效的导流消音和避振装置，进一步提高舒适感。如目前世界上提升高度最大、速度最快、载重量最大的全暴露观光电梯，位于世界自然遗产张家界武陵源风景区，名为百龙观光电梯。垂直高差

335m，运行高度 326m，由 154m 山体内竖井和 172m 贴山体钢结构构成其井道，采用 3 台双层全暴露观光电梯并列分体运行。每台一次载客 47 人，运行速度 3m/s，3 台同时运行每小时往返运量达 3000 人次。

1.1.4　我国电梯发展现状

电梯服务我国已有 100 多年的历史，但电梯数量在我国的快速增长源于 20 世纪 80 年代。目前我国电梯技术水平已与世界发达国家基本同步。

100 多年来，中国电梯行业的发展经历了以下几个阶段。

① 对进口电梯的销售、安装、维保阶段（1900～1949 年），这一阶段我国电梯拥有量仅约 1100 多台。

1900 年，美国奥的斯电梯公司通过代理商 Tullock & Co. 获得在中国的第 1 份电梯合同，为上海提供 2 部电梯，从此，世界电梯历史上展开了中国的一页。

1907 年，奥的斯公司在上海的汇中饭店（今和平饭店南楼，英文名 Peace Palace Hotel）安装了 2 部电梯。这 2 部电梯被认为是我国最早使用的电梯。

② 独立自主，艰苦研制、生产阶段（1950～1979 年），这一阶段我国共生产、安装电梯约 1 万台。

③ 建立三资企业，行业快速发展阶段（自 20 世纪 80 年代至今），截至 2019 年，我国共生产、安装电梯约 709 万台。

目前我国已发展成为世界第一大电梯市场，中国电梯行业外商云集，美国奥的斯，瑞士迅达，芬兰通力，德国蒂森，日本三菱、日立、东芝、富士达等世界最负盛名的电梯公司，先后在北京、天津、上海、广州、沈阳、杭州、廊坊等地投资建厂。他们大多用合资的方式建设了较好的工厂，装备了较好的设备，引进了较好的技术，合资企业在国内的市场份额已超过 80%。

近年来，我国电梯工业飞速发展。2007 年我国电梯产销量达到了 21.6 万台，超过了全世界电梯产量的一半，电梯的生产能力跃居世界第一。截至 2007 年底，全国在用电梯达 91.7313 万台，已经成为全球最大的电梯市场。2008 年至 2019 年，我国电梯产量一直保持快速增长，2019 年电梯年产量达 117 万台，全国电梯产量以每年 50 万台以上速度递增。

1.1.5　电梯技术发展趋势

在科学技术发展的推动下，电梯技术将发生许多新的变化，增加新的功能，近期主要发展趋势表现在以下几个方面。

(1) 能量回馈技术

能量回馈技术可将轿厢在轻载上行或满载下行时产生的再生能量和电动机制动产生的动能，通过多重整流技术转化为电能并回馈到电网，供同一局域网内其他电气设备使用，这样既可降低设备的能耗，又符合绿色环保。目前已研发出实验型的"混合电力电梯"，可将回馈的电力存储在特制的"蓄电池"内，以供电网内其他电气设备使用。

(2) 单井道双轿厢运行技术

为提高高层建筑内电梯运载效率和井道的利用率，近年来出现了单井道双轿厢技术，按轿厢位置和运行状况可分为超级双层联体轿厢、可调式双轿厢联动和双轿厢各自独立运行三种类型。

单井道双轿厢技术的工作原理是在同一井道内的两个相互独立的轿厢由智能化控制系统，通过传感器监控两个轿厢位置以防止相互碰撞，使其可以独立安全运行并起到增加运载量，实现节能的目的。

（3）目的选层智能技术

通过目的层智能化分流方式的高效运营调度，可以有效提高电梯运行效率，降低乘客待梯或乘梯时间。目的选层智能技术由群控单元、目的层选层器和楼层指示器等模块组成，基于专家系统、模糊逻辑和神经网络控制技术，具有动态分散待梯、高峰自识别、动态分区服务、可配置服务层、调配策略可选择和及时预报等功能。

（4）线性电动机技术

线性电动机无需通过任何转换装置就可直接将电能转换成直线运动的机械能。1990年在日本东京投入使用的由线性电动机驱动的线性电梯，载重量600kg，速度1.75m/s，提升高度22.90m。

新一代的线性电动机驱动的无曳引钢绳电梯，无需机房、对重和曳引钢绳，具有结构简单、便于维保、无噪声、无污染和节省电能60％的优势。线性电动机驱动的无曳引钢绳电梯有可能成为今后高层建筑中电梯的发展方向。

（5）物联网电梯技术

物联网电梯是指电梯运用物联网技术，从而达到智能化管理的应用。从电梯制造企业来看，在应用了物联网技术的电梯里面，可以将所有的已出售的电梯建立网络监控平台，24小时对电梯的运转状态进行智能监控，有利于电梯的安全运营。怎样和物联网技术结合，将会是物联网电梯发展的核心，也将会是未来10年或20年里电梯行业寻找新技术的突破口，从而得到挖掘更深的细分市场的关键。

（6）无线传输电梯技术

通过无线电力传输和无线信号传输方式，实现电梯轿厢无随行电梯，既可以节省电梯空间，又可以改善电梯在运行中的负载平衡、信号干扰、安全性能等一系列安全和节能问题。

1.2 电梯的定义及分类

1.2.1 电梯的定义

根据国家标准 GB/T 7024—2008《电梯、自动扶梯、自动人行道术语》，电梯的定义为：电梯是服务于规定楼层的固定式升降设备。它具有一个轿厢，运行在至少两列垂直的或倾斜角小于15°的刚性导轨之间。轿厢尺寸与结构型式便于乘客出入或装卸货物。

显然，电梯是一种间歇动作、沿垂直方向运行、由电力驱动、完成方便载人或运送货物任务的升降设备，在建筑设备中属于起重机械。而在机场、车站、大型商厦等公共场所普遍使用的自动扶梯和自动人行道，按专业定义则属于一种在倾斜或水平方向上完成连续运输任务的输送机械，它只是电梯家族的一个分支。

自动扶梯：带有循环运行的梯级，用于倾斜向上或向下连续输送乘客的运输设备。直观看起来它就像移动的楼梯，同时伴随移动的扶手带。

自动人行道：循环运行的走道，就像放平了的自动扶梯，一般用于水平或倾斜角度不大于 12°的乘客和由乘客携带物品的运输。

目前，美国、日本、英国、法国等国家习惯于将电梯、自动扶梯和自动人行道都归为垂直运输设备。

1.2.2 电梯的分类

电梯的分类比较复杂，可以从不同的角度进行分类。

（1）按用途分类

① 乘客电梯　为运送乘客而设计的电梯。主要用于宾馆、饭店、办公楼、大型商店等客流量大的场合。这类电梯为了提高运送效率，其运行速度比较快，自动化程度比较高，轿厢的尺寸和结构型式多为宽度大于深度，使乘客能顺利地进出，而且安全设施齐全，装潢美观。

② 载货电梯　为运送货物而设计的并通常有人伴随的电梯。主要用于两层楼以上的车间和各类仓库等场合。这类电梯的装潢不太讲究，自动化程度和运行速度一般比较低，载重量和轿厢尺寸的变化范围比较大。

③ 病床电梯　为运送躺在病床上的病员和有医护人员伴随而设计的电梯。这种电梯的轿厢深度远大于宽度。

④ 杂物电梯（服务电梯）　供图书馆、办公楼、饭店运送图书、文件、食品等，但不允许人员进入轿厢的电梯。这种电梯的安全设施不齐全，不准运送乘客。为了不使人员进入轿厢，进入轿厢的门洞及轿厢的面积都设计得很小，而且轿厢的净高度一般不大于 1.2m。

⑤ 住宅电梯　供住宅楼里上下运送乘客和家具货物而设计的电梯。这种电梯与乘客电梯的区别在于轿厢的结构和装饰上的差异。

⑥ 客货电梯　主要用作运送乘客，但也可运送货物的电梯。它与乘客电梯的区别在于轿厢内部的装饰结构和电梯功能要求方面的差异。

⑦ 特种电梯　除上述常用的几种电梯外，还有为特殊环境、特殊条件、特殊要求而设计的电梯，如防爆电梯等。

（2）按速度分类

① 低速梯　额定运行速度 $v \leqslant 1.0 \mathrm{m/s}$ 的电梯。

② 快速梯　额定运行速度 $1.0 \mathrm{m/s} < v \leqslant 2.5 \mathrm{m/s}$ 的电梯。

③ 高速梯　额定运行速度 $2.5 \mathrm{m/s} < v \leqslant 6 \mathrm{m/s}$ 的电梯。

④ 超高速梯　额定运行速度 $v \geqslant 6 \mathrm{m/s}$。

（3）按曳引电动机的供电电源分类

① 交流电源供电的电梯

a. 采用交流异步双速电动机变极调速拖动的电梯，简称交流双速电梯（速度一般小于 0.63m/s）。

b. 采用交流异步双绕组双速电动机调压调速（ACVV）拖动的电梯。

c. 采用交流异步单绕组单速电动机调频调压调速（VVVF）拖动的电梯。

② 直流电源供电的电梯　采用直流电动机作为曳引电动机，其电源由直流发电机-电动机组的直流发电机供电的电梯。我国在 20 世纪 80 年代中期前常用在中高档乘客电梯上，现

在已不再生产。

（4）按有无减速器分类

① 有减速器的电梯　曳引机有减速器，用于各类直流电梯或交流电梯。

② 无减速器的电梯　曳引机无减速器，由电动机直接带动曳引轮运动，用于各类交流永磁同步电梯和直流电梯。

（5）按驱动方式分类

① 曳引式电梯　曳引电动机通过减速器、曳引绳轮，驱动曳引钢丝绳两端的轿厢和对重装置做上下运行的电梯。

② 强制式电梯　由卷筒直接缠绕钢丝绳拉动轿厢上、下运行的电梯，没有对重装置。

③ 液压式电梯　电动机通过液压系统驱动轿厢上、下运行的电梯。

（6）按有无电梯机房分类

① 有电梯机房的电梯　机房位于井道上部并按标准规定要求建造的电梯；机房位于井道上部，机房面积等于井道面积、净高度不大于 2300mm 的小机房电梯；机房位于井道下部的电梯。

② 无电梯机房的电梯　曳引机安装在上端站轿厢导轨上的电梯；曳引机安装在上端站对重导轨上的电梯；曳引机安装在上端站楼顶板下方承重梁上的电梯；曳引机安装在井道底坑内的电梯等。

（7）按控制方式分类

① 手柄操纵电梯

a. 手柄开关控制、自动门电梯　靠动力自动开、关门，由司机在轿内操纵手柄开关，控制电梯的启动、上行、下行、平层和停止等运行状态。此类电梯轿厢装有玻璃窗口或栅栏门，便于司机判断和控制平层。

b. 手柄开关控制、手动门电梯　由司机在轿内操纵手柄开关，控制电梯的启动、上行、下行、平层和停止等运行状态，控制开、关门。

② 按钮控制电梯　具备简单自动控制的电梯，由轿外按钮和轿内按钮发出指令，控制电梯自动平层。一般为货梯或杂物电梯。

③ 信号控制电梯　自动控制程度较高的电梯，具有轿内指令登记、厅外召唤登记、顺向截停、自动停层、平层和自动开关门等功能。通常为客梯或客货两用梯。

④ 集选控制电梯　在信号控制基础上发展的全自动控制电梯。与信号控制的主要区别在于能实现无司机操纵。其主要特点：将轿内指令、厅外召唤信号集合起来，自动定向、顺向应答。轿厢设有称重装置、超载报警，轿门设有防夹保护。一般为客梯。

集选控制电梯设有有/无司机转换开关，当人流集中的高峰时间，为保证电梯正常运行，常转换为有司机操纵，这时为信号控制；在人流少或深夜时改为无司机控制，即集选控制。这种转换操纵方式常为宾馆、酒店、办公大楼的客梯所选用。

⑤ 下（或上）集选控制电梯　这是一种只有电梯下行（或上行）时才能被截停的集选控制电梯。其特点是：乘客若从某层楼到上面层楼的，必须先截停向下（或上）运行的电梯，下到基站后，才能乘梯上指定目的层。

⑥ 并联控制电梯　两台电梯共用层站外召唤按钮，顺序自动调度，控制线路并联，进行逻辑控制，电梯具有集选功能。运行特点：当无任务时，两台电梯中的一台停在预先选定

的楼层（中间层站），称为自由梯；另一台停在基站，称为基梯。有任务时，基梯离开基站向上运行，自由梯立即下降到基站替补基梯；除基站外其他层有呼梯信号时，自由梯前往，并应答顺向呼梯信号，当呼梯信号相反时，由基梯响应完成而返回基站。

⑦ 群控电梯　3 台及以上集中排列的多台电梯共同使用厅外的召唤信号，按规定的程序集中调度和控制的电梯。其程序分为上行高峰状态运行，下行高峰状态运行，上、下平衡状态运行，闲散状态运行等运行控制方式。这种电梯有数据采集、交换、存储功能，还能分析、显示所有电梯的运行状态，由计算机根据客流状况，自行选择最佳运行控制方式。特点是自动分配电梯运行时间，省电、省人力，降低设备损耗。

1.3　电梯的主要参数、型号及规格

1.3.1　电梯的主要参数

电梯的主要参数一般是指额定的载重量和额定速度。

（1）额定载重量（kg）

制造和设计规定的电梯载重量。电梯的载重量一般主要有以下几种：400、630、800、1000、1250、1600、2000、2500 等。

（2）额定速度（m/s）

制造和设计规定的电梯运行速度。电梯的额定速度常见的有 0.63、1.00、1.60、2.50 等。

1.3.2　电梯的基本规格

电梯的基本规格包括下面的 8 个参数。

① 电梯的用途　指客梯、货梯、病床梯等。

② 额定载重量　指制造和设计规定的电梯载重量，可理解为制造厂保证正常运行的允许载重量。对制造厂，额定载重量是设计和制造的主要依据，对用户则是选购和使用电梯的主要依据，因此它是电梯的主要参数。

③ 额定速度　指制造和设计规定的电梯运行速度，单位为 m/s，可理解为制造厂保证正常运行的速度。对于制造厂，是设计制造电梯主要性能的依据，对于用户则是检测速度特性的主要依据，因此它也是电梯的主要参数。

④ 拖动方式　指电梯采用的动力种类，可分为交流电力拖动、直流电力拖动、液力拖动等。

⑤ 控制方式　指对电梯的运行实行操纵的方式，即手柄控制、按钮控制、信号控制、集选控制、并联控制、梯群控制等。

⑥ 轿厢尺寸　指轿厢内部净尺寸，以"净宽×净深×净高"表示。内部尺寸由梯种和额定载重量决定，关系到井道的设计。

⑦ 门的型式　指电梯门的结构型式，可分为中分式门、旁开式门、直分式门等。

⑧ 层站数　层数主要是标志井道的高度，也就是机房和底坑之间的距离；站，表示的是电梯运行时需要停靠的层的数量。

通过以上 8 个方面的参数，基本可以确定一台电梯的服务对象、运送能力、工作性能以及对井道机房等的要求，这些内容的搭配方式称为电梯的系列型谱。

1.3.3 电梯的型号

每个国家都有自己的电梯型号表示方法，合资厂沿用引进国命名型号的规定，总体分以下几类：①电梯生产厂家（公司）及生产产品序号，如 TOEC-90，前面的字母是厂家英文字头，为天津奥的斯电梯公司，90 代表其产品类型号；②以英文字头代表电梯的种类，以产品类型序号区分，如三菱电梯 GPS-Ⅱ，前面字母为英文字头代表产品种类，Ⅱ代表产品类型号；③以英文字头代表产品种类，配以数字表征电梯参数，如"广日"牌电梯，YP-15-CO90，YP 表示交流调速电梯，额定乘员 15 人，中分门，额定速度 90m/min。必须根据其产品说明书了解其参数。

1986 年我国城乡建设环境保护部颁布的 JJ45—86《电梯、液压梯产品型号编制方法》中，对电梯型号的编制方法做了如下的规定。

电梯、液压梯的产品型号由其类（组、型）、主参数和控制方式等三部分组成，第二、第三部分之间用短线分开。

第一部分是类、组、型和改型代号。产品的类、组、型代号用具有代表意义的大写汉语拼音字母表示，而产品的改型代号则按顺序用小写汉语拼音字母表示，置于类、组、型代号的右下方。

第二部分是主参数代号，中间用斜线分开，其左方为电梯的额定载重量，右方为额定速度，均用阿拉伯数字表示。

第三部分是控制方式代号，用具有代表意义的大写汉语拼音字母表示。

产品型号代号顺序如图 1-5 所示，产品的类别、品种、拖动方式、主参数、控制方式的代号如下：

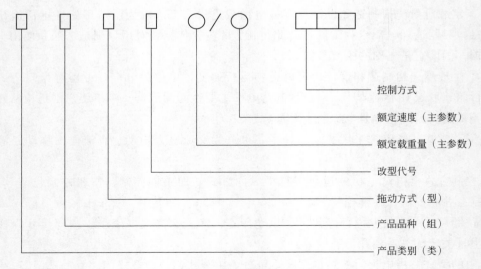

图 1-5　产品型号代号顺序

① 类别代号见表 1-1；

② 品种（组）代号见表 1-2；

③ 拖动方式（型）代号见表1-3；

④ 主参数表示代号见表1-4；

⑤ 控制方式代号见表1-5。

表 1-1 类别代号

产品类别	代表汉字	拼音	采用代号
电梯	梯	ti	T
液压梯			

表 1-2 品种（组）代号

产品类别	代表汉字	拼音	采用代号
乘客电梯	客	KE	K
载货电梯	货	HUO	H
客货(两用)电梯	两	LIANG	L
病床电梯	病	BING	B
住宅电梯	住	ZHU	Z
杂物电梯	物	WU	W
船用电梯	船	CHUAN	C
观光电梯	观	GUAN	G
汽车用电梯	汽	QI	Q

表 1-3 拖动方式（型）代号

产品类型	代表汉字	拼音	采用代号
交流	交	JIAO	J
直流	直	ZHI	Z
液压	液	YE	Y

表 1-4 主参数表示代号

额定载重量/kg	表示	额定速度/$m \cdot s^{-1}$	表示
400	400	0.63	0.63
630	630	1.0	1.0
800	800	1.6	1.6
1000	1000	2.5	2.5

表 1-5 控制方式代号

控制方式	代表汉字	采用代号
手柄开关控制、自动门	手、自	SZ
手柄开关控制、手动门	手、手	SS

控制方式	代表汉字	采用代号
按钮控制、自动门	按、自	AZ
按钮控制、手动门	按、手	AS
信号控制	信号	XH
集选控制	集选	JX
并联控制	并联	BL
梯群控制	群控	QK
微机控制	微机	＊＊W

注：控制方式采用微机处理时，以汉语拼音字母 W 表示，排在其他代号的后面，如采用微机的集选控制方式，代号为 JXW。

产品型号示例如下：

① TKJ1000/1.6-JX　交流调速乘客电梯，额定载重量 1000kg，额定速度 1.6m/s，集选控制；

② THY1000/0.63-AZ　液压货梯，额定载重量 1000kg，额定速度 0.63m/s，按钮控制，自动门；

③ TKJ1500/2.0-QKW　交流客梯，额定载重量 1500kg，额定速度 2.0m/s，群控微机。

1.3.4　电梯标准

为适应电梯产品迅速发展的要求，我国近几年先后颁布了一批具有国际水平的国家级电梯专业技术标准（以下简称新标准），以取代之前颁布的部级电梯专业技术标准。新老标准代号对照表如表 1-6 所示。

表 1-6　电梯新老标准一览表

老标准		新标准	
代号	名称	代号	名称
JB 816—74	电梯技术条件	GB/T 7024—2008	电梯、自动扶梯、自动人行道术语
JB 1435—74	电梯井道、机房型式、基本参数尺寸	GB/T 7025.1—2008	电梯主参数及轿厢、井道、机房的型式与尺寸　第 1 部分：Ⅰ、Ⅱ、Ⅲ类电梯
JB/Z 110-74TJ231（四）—78	电梯系列型谱 机械设备安装工程施工及验收规范第四册：起重设备、电梯、连续运输设备安装	GB/T 7025.2—2008	电梯主参数及轿厢、井道、机房的型式与尺寸　第 2 部分：Ⅳ类电梯
YB 2002—78	电梯用钢丝绳	GB/T 7025.3—2008	电梯主参数及轿厢、井道、机房的型式与尺寸　第 3 部分：Ⅴ类电梯
YB 531—65	电梯选层器用钢带	GB 7588—2003	电梯制造与安装安全规范
JB 2199—77	电梯用电缆	GB 8903—2005	电梯用钢丝绳
GBJ 232—82	电梯电气装置	GB/T 10058—2009	电梯技术条件

续表

老标准		新标准	
代号	名称	代号	名称
		GB/T 10059—2009	电梯试验方法
		GB 10060—2011	电梯安装验收规范
		GB/T 12974—2012	交流电梯电动机通用技术条件
		GB/T 24478—2009	电梯曳引机
		GB 16899—2011	自动扶梯和自动人行道的制造与安装安全规范
		GB 25194—2010	杂物电梯制造与安装安全规范
注：Ⅰ类电梯为运送乘客而设计的电梯 Ⅱ类电梯为运送乘客，同时亦可运送货物而设计的电梯 Ⅲ类电梯为运送病床上的病人而设计的电梯 Ⅳ类电梯为运送通常有人伴随的货物而设计的电梯 Ⅴ类电梯杂物电梯 其中Ⅰ、Ⅱ、Ⅲ类电梯不同于轿厢内的装饰		JG 5009—1992	电梯操作装置、信号及附件
		JG/T 5010—1992	住宅电梯的配置和选择
		GB 21240—2007	液压电梯
		GB/T 22562—2008	电梯 T 型导轨
		JG/T 5072.2—1996	电梯 T 型导轨检测规则
		JG/T 5072.3—1996	电梯对重用空心导轨
		GB/T 3878—2011	船用载货电梯
		GB/T 18775—2009	电梯、自动扶梯和自动人行道维修规范
		GB 50310—2016	电梯工程验收质量施工规范
		GB/T 27903—2011	电梯层门耐火试验完整性、隔热性和热通量测定法
		GB 8093—2005	电梯绳用钢丝
		JB/T 8545—2010	自动扶梯梯级链、附件及链轮

注：1. 额定载重量包括司机重量，不包括轿厢的自重。

2. 额定速度指轿厢在额定负载下，其提升和下降速度的平均值。

3. 直分式门不推荐使用。

1.4　电梯与建筑物的关系

电梯与建筑物的关系，与一般机电设备比较要紧密得多。电梯的零部件分别安装在电梯的机房、井道四周的墙壁、各层站的厅门洞周围、井道底坑等各个角落，因此，不同规格参数的电梯产品，对安装电梯的机房、井道、各层站门洞、底坑等都有比较具体的要求。由于电梯产品的这些特点，可见电梯产品是庞大、零碎、复杂的，而且总装工作一般需在远离制造厂的使用现场进行。所以，电梯产品的质量在一定程度上取决于安装质量，但是安装质量又取决于制造质量和建筑物的质量。因此，要使一部电梯具有比较满意的使用效果，除制造和安装质量外，还需按使用要求正确选择电梯的类别、主要参数和规格尺寸，做好电梯产品的设计、井道建筑结构的设计以及它们之间的互相配合等。

为了统一和协调电梯产品与井道建筑物之间的关系，在新颁国家标准 GB/T 7025.1～3—2008 中，对乘客电梯、住宅电梯、载货电梯、病床电梯、杂物电梯等的轿厢、井道、机房的型式与尺寸做了如下规定。

1.4.1 新颁国家标准 GB/T 7025.1～3—2008 中的规定

① 乘客电梯和住宅电梯的主要参数及轿厢、井道、机房型式与尺寸应符合表1-7、图1-6～图1-8的规定。

表1-7 Ⅰ、Ⅱ和Ⅲ类电梯的参数、尺寸（乘客电梯和住宅电梯）

主要用途			非住宅电梯(办公楼、旅馆等)					住宅电梯			
额定载重/kg			630	800	1000	1250	1600	320	400	630	1000
可乘人数/人			8	10	13	16	21	4	5	8	13
轿厢	宽度 A/mm		1100	1350	1600	1950		900	1100		
	深度 B/mm		1400			1750		1000		1400	2100
	高度 F/mm		2200(2300)		2300			2200			
轿门和层门	宽度 E/mm		800		1100			700	800	800(900)	
	高度 F/mm		2000(2100)		2100			2000			
	型式		中分门					旁开门	中分门、旁开门		
井道	宽度 C/mm	中分门	1800	1900	2400	2600		*	1800	1800(2000)	
		旁开门	*					1400	1600	1600(1700)	
	深度 D/mm		2100	2300		2600		1600	1900	2600	
底坑深度 P/mm	$v=0.63$m/s		1400		1600			1400			
	$v=1.00$m/s										
	$v=1.60$m/s		1600					*	1600		
	$v=2.50$m/s		*	2200				*	2200		
顶层高度 Q/mm	$v=0.63$m/s		3800		4200	4400		3600			
	$v=1.00$m/s							3700			
	$v=1.60$m/s		4000		4200	4400		3800			
	$v=2.50$m/s		*	5000	5200	5400		*	5000		
机房	$v=0.63$m/s	面积 S/m²	15	20	22	25		6	7.5	10	12
		宽度 R/mm	2500	3200				1600	2200		2400
		深度 T/mm	3700	4900		5500		3000	3200	3700	2000
		高度 H/mm	2200	2400		2800		2000			
	$v=1.00$m/s	面积 S/m²	15	2	22	25		6	7.5	10	12
		宽度 R/mm	2500	3200				1600	2200		2400
		深度 T/mm	3700	4900		5500		3000	3200	3700	4200
		高度 H/mm	2200	2400		2800		2000			

续表

机房		面积 $S/\mathrm{m^2}$	15	20	22	25	*	10	12	14
	$v=1.60\mathrm{m/s}$	宽度 R/mm	2500	3200			*	2200		2400
		深度 T/mm	3700	4900		5500	*	3200	3700	4200
		高度 H/mm	2200	2400		2800	2000			
		面积 $S/\mathrm{m^2}$	*	18	20	22	25	*	14	16
	$v=2.50\mathrm{m/s}$	宽度 R/mm	*	2800	3200			*	2800	
		深度 T/mm	*	4900		5500		*	3700	4200
		高度 H/mm	*	2800				*	2600	

注：1. 额定载重量 320kg 和 400kg 的电梯轿厢不允许残疾人乘轮椅进出。

2. * 为非标电梯。

3. R 和 T 为最小尺寸值，实际尺寸应确保机房地面面积至少等于 S。

4. 底坑深度和顶层高度的实际尺寸必须符合 GB 7588—2003 中的规定。

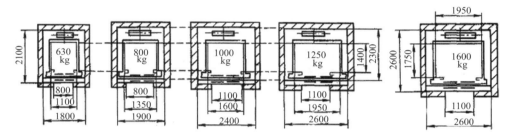

图 1-6　乘客电梯轿厢井道平面图

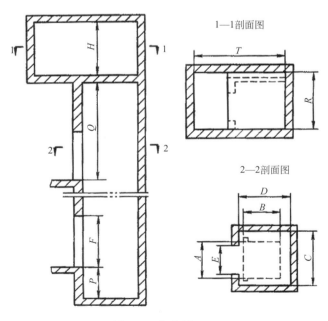

图 1-7　井道剖面图

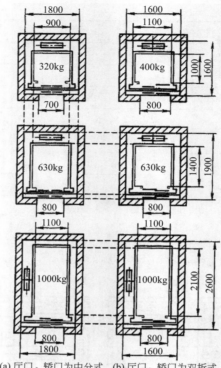

(a) 厅门、轿门为中分式 (b) 厅门、轿门为双折式

图 1-8 住宅电梯轿厢井道平面图

② 病床电梯的主要参数及轿厢、井道、机房的型式与尺寸应符合表 1-8、图 1-9 的规定。

表 1-8 Ⅲ类电梯的参数、尺寸（病床电梯）

参数名称		参数值		
额定载重量/kg		1600	2000	2500
可乘人数/人		21	26	33
轿厢	宽度 A/mm	1400	1500	1800
	深度 B/mm	2400	2700	
	高度 F/mm	2300		
轿门和层门	宽度 E/mm	1300		1300
	深度 F/mm	2100		
	型式	旁开门		旁开门
井道	宽度 C/mm	2400		2700
	深度 D/mm	3000	3300	
底坑深度 P/mm	$v = 0.63$m/s	1600		1800
	$v = 1.00$m/s	1700		1900
	$v = 1.60$m/s	1900		2100
	$v = 2.50$m/s	2500		

参数名称			参数数值		
顶层高度 Q/mm	$v=0.63$m/s		4400		4600
	$v=1.00$m/s				
	$v=1.60$m/s				
	$v=2.50$m/s		5400		5600
机房	$v=0.63$m/s	面积 S/m²	25	27	29
		宽度 R/mm	3200		3500
		深度 T/mm	5500	5800	
		高度 H/mm	2800		
	$v=1.00$m/s	面积 S/m²	25	27	29
		宽度 R/mm	3200		3500
		深度 T/mm	5500	5800	
		高度 H/mm	2800		
	$v=1.60$m/s	面积 S/m²	25	27	29
		宽度 R/mm	3200		3500
		深度 T/mm	5500	5800	
		高度 H/mm	2800		
	$v=2.50$m/s	面积 S/m²	25	27	29
		宽度 R/mm	3200		3500
		深度 T/mm	5500	5800	
		高度 H/mm	2800		

注：1. 可采用入口净宽1400mm的中分门。

2. 底坑深度和顶层高度的实际尺寸必须符合 GB 7588—2003 中的规定。

3. R 和 T 为最小尺寸值，实际尺寸应确保机房地面面积至少等于 S。

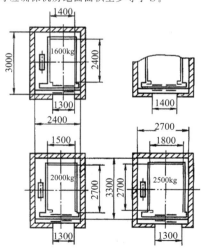

图 1-9 病床电梯轿厢井道平面图

③ 载货电梯和杂物电梯的主要参数及轿厢、井道、机房的型式与尺寸应符合表 1-9、

17

图 1-10 的规定。

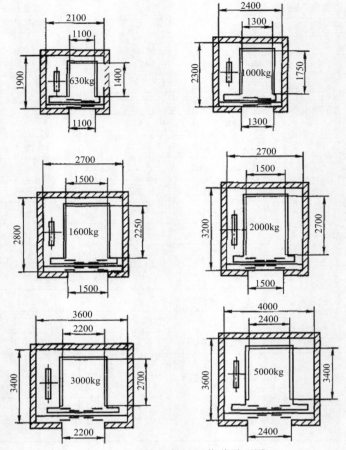

图 1-10　载货电梯轿厢井道平面图

表 1-9　Ⅳ类电梯参数、尺寸（载货电梯）

参数名称		参数数值					
额定载重量/kg		630	1000	1600	2000	3000	5000
轿厢	宽度 A/mm	1100	1300	1500		2200	2400
	深度 B/mm	1400	1750	2250	2700		3600
	高度 F/mm	2200				2500	
轿门和层门	宽度 E/mm	1100	1300	1500		2200	2400
	高度 F/mm	2100				2500	
井道	宽度 C/mm	2100	2400	2700		3600	4300
	深度 D/mm	1900	2300	2800	3200	3400	4300
底坑深度 P/mm	$v \leqslant 0.63$m/s					1400	1400
	$v \leqslant 1.00$m/s	1500		1700			
顶层高度 Q/mm	$v \leqslant 0.63$m/s					4300	4500
	$v \leqslant 1.00$m/s	4100		4300			

参数名称		参数数值					
机房	面积 S/m^2	$v\leqslant 0.63\mathrm{m/s}$				22	26
		$v\leqslant 1.00\mathrm{m/s}$	12	14	18	20	
	宽度 R/mm	2800	3100	3400			
	深度 T/mm	3500	3800	4500	4900		
	高度 H/mm	2200		2400			

注：1. 底坑深度和顶层高度实际尺寸应符合 GB 7588—2003 的规定。

2. R、T 为最小尺寸值，实际尺寸应确保机房地面面积至少等于 S。

④ 杂物电梯的参数尺寸应符合表 1-10 的规定。

表 1-10　V 类电梯参数尺寸（杂物电梯）

参数名称		参数数值		
额定载重量/kg		40	100	250
轿厢	宽度 A/mm	600	800	1000
	深度 B/mm			
	高度 F/mm	800		1200
井道	宽度 C/mm	900	1100	1500
	深度 D/mm	800	1000	1200

1.4.2　无机房电梯与小机房电梯的特别说明

无机房电梯是指不需要专门为电梯建造机房的电梯。

小机房电梯是指为电梯建造的机房面积只需要等于井道横截面积、高度可以不大于 2300mm 的电梯。

近年来国内生产制造和安装使用这两种梯型的数量日趋增加，已经成为国产电梯中比较常见的梯型之一。目前电梯市场上销售安装使用的无机房电梯中，曳引机的安装位置因制造厂商的不同差异很大，有的安装在上端站的轿厢导轨上、对重导轨上、井道楼板下的承重梁上，有的安装在井道底坑的地面或侧壁上等。这两种梯型的出现，是电动机制造控制技术不断进步的结果。

目前构成这两种梯型的曳引机均采用永磁同步电动机作为曳引电动机，利用这种电动机优良的机械特性和调速性能，甩开传统的蜗轮减速器装置，使曳引机从 1000 多千克减至数百千克，因而具备生产无机房电梯和小机房电梯的必要条件。无机房电梯具有节省电梯机房的一次性投资、节能效果好、维修保养费用低等优点，但也存在维修保养作业难度增大、安全钳一旦动作复位麻烦、电梯发生困人情况时解救困难等缺点。而小机房电梯虽然还需要建造电梯机房，但也能节省 30% 左右的机房建设费用，又具有无机房电梯的其他优点，却没有无机房电梯存在的问题，因此可能更受使用者的欢迎。

【思考题】

1-1 比较鼓轮式电梯与曳引式电梯的不同。

1-2 简述电梯技术的发展历程。

1-3 简述电梯的国内外发展现状及发展趋势。

1-4 电梯的定义是什么？按速度分类可分为哪几种？

1-5 电梯的基本规格包括哪几个参数？

1-6 电梯的型号是如何编制的？请解释 TKZ1000/1.6-JX 型号电梯的含义。

1-7 简述电梯与建筑物的关系。

1-8 无机房电梯与小机房电梯的特点是什么？

模块二　电梯的结构原理

【知识目标】

① 电梯的组成。

② 电梯的基本要求。电梯的基本要求是安全可靠、方便、舒适、快速。

③ 电梯工作原理。电梯工作的驱动形式有曳引驱动、卷筒驱动（强制驱动）、液压驱动等，现在使用最广泛的是曳引驱动。

【能力目标】

① 通过参观实物电梯或模拟电梯，了解电梯的基本结构。

② 通过模拟电梯操作，了解其基本工作原理。

【知识链接】

2.1　电梯的总体结构

电梯是机、电、光技术一体化的产品，包括垂直电梯、自动扶梯及自动人行道、无障碍电梯等。在办公和居住等场合，垂直电梯应用较为广泛；在大型机场、车站、商场超市等公共服务区域，自动扶梯及自动人行道应用较为广泛；在为特殊人群（包括残疾人）提供服务的公共场合或居住环境，无障碍电梯越来越受到青睐。电梯的机械部分好比是人的躯体，电气部分相当于人的神经，微机控制部分相当人的大脑，各部分密切协同，使电梯能可靠地运行。

2.1.1　电梯的组成

电梯的基本组成按所占用的空间，可分为机房、井道与底坑、轿厢和层站 4 个部分，如图 2-1 所示。

电梯也可按其所依附的建筑物和不同的功能分类，分为 8 个系统，包括曳引系统、导向系统、轿厢、门系统、重量平衡系统、电力拖动系统、电气控制系统和安全保护系统（表 2-1，图 2-1）。

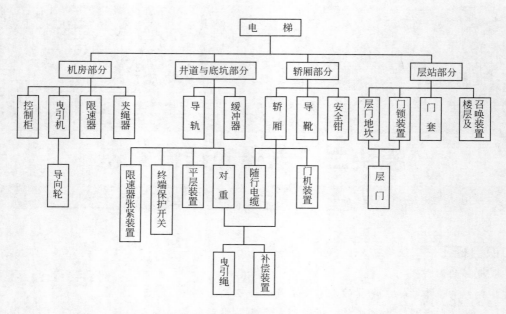

图 2-1　电梯的基本组成（从占用 4 个空间部分划分）

表 2-1　电梯 8 个系统的功能及其构件与装置

序号	8 个系统	功能	组成的主要构件与装置
1	曳引系统	输出与传递动力,驱动电梯运行	曳引机、曳引钢丝绳、导向轮、反绳轮等
2	导向系统	限制轿厢和对重的活动自由度,使轿厢和对重只能沿着导轨做上、下运动	轿厢的导轨、对重的导轨及其导轨架
3	轿厢	用以运送乘客和(或)货物的组件	轿厢架和轿厢体
4	门系统	乘客或货物的进出口,运动时层、轿门必须封闭,到站时才能打开	轿厢门、层门、开门机、联动机构、门锁等
5	重量平衡系统	相对平衡轿厢重量以及补偿高层电梯中曳引绳重量的影响	对重和重量补偿装置等
6	电力拖动系统	提供动力,对电梯实行速度控制	曳引电动机、供电系统、速度反馈装置、电动机调速装置等
7	电气控制系统	对电梯的运行实行操纵和控制	操纵装置、位置显示装置、控制屏(柜)、平层装置、选层器等
8	安全保护系统	保证电梯安全使用,防止一切危及人身安全的事故发生	限速器、安全钳、缓冲器和端站保护装置、超速保护装置、供电系统断相错相保护装置、超越上下极限工作位置的保护装置、层门锁与轿门电气联锁装置等

2.1.2　电梯的整体结构

电梯整体结构和各部分装置与结构如图 2-2 所示。

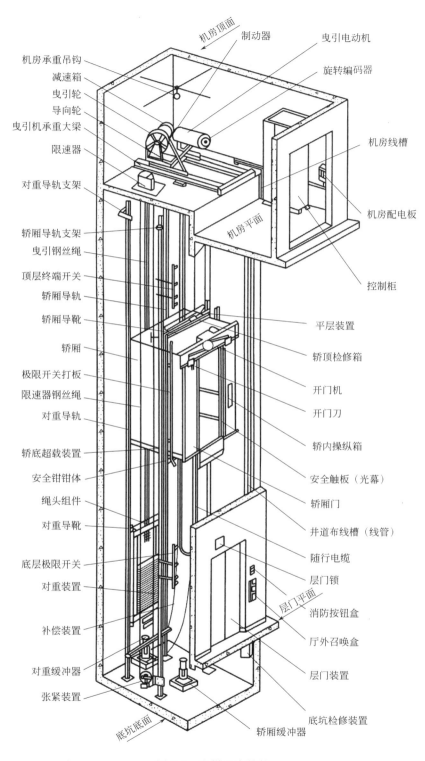

机房顶面 制动器 曳引电动机
机房承重吊钩 旋转编码器
减速箱
曳引轮
导向轮
曳引机承重大梁 机房线槽
限速器
机房配电板
对重导轨支架
机房平面
轿厢导轨支架
曳引钢丝绳 控制柜
顶层终端开关
轿厢导轨
轿厢导靴 平层装置
轿厢 轿顶检修箱
极限开关打板 开门机
限速器钢丝绳 开门刀
对重导轨
轿底超载装置 轿内操纵箱
安全钳钳体
绳头组件 安全触板（光幕）
对重导靴 轿厢门
井道布线槽（线管）
底层极限开关 随行电缆
对重装置 层门锁
层门平面
补偿装置 消防按钮盒
对重缓冲器 厅外召唤盒
张紧装置 层门装置
底坑检修装置
底坑底面 轿厢缓冲器

图 2-2 电梯基本结构

2.2 电梯的基本要求

电梯的基本要求是安全可靠、方便、舒适、快速。电梯的安全性和可靠性是系统工程，由设计、制造、安装、维护各个环节和元器件的可靠性等来保证。舒适主要是人的主观感觉，一般称为舒适感，主要与电梯的速度变化和振动有关。

2.2.1 舒适感与快速性

电梯作为一种交通工具，对于快速性的要求是必不可少的。当轿厢静止或匀速升降时，乘客不会感到不适；而在轿厢由静止启动到以额定速度匀速运动的加速过程中，或由匀速运动状态制动到静止状态的减速过程中，既要考虑快速性又要兼顾舒适感。

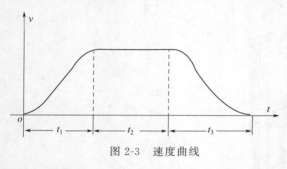

图 2-3 速度曲线

电梯运行中的速度变化可以用速度曲线表示（图 2-3）。其中 t_1 为启动加速段，t_2 为匀速运行段，t_3 为减速制停段。t_1 和 t_2 越长，则加速度越小，一般讲舒适感就好些，同时电梯的运行效率就低些。但从实验得知，与人的舒适感觉关系最大的，不是加（减）速度，而是加（减）速度的变化率，即"加加速度"，也就是 t_1 和 t_3，两头的弧形部分的曲率。如果将加速度变化率限制在 1.3m/s^3 以下，即使最大加速度达到 $2 \sim 2.5 \text{m/s}^2$，也不会使人感到过分的不适。

2.2.2 电梯工作条件

电梯工作条件是指一般电梯正常运行的环境条件。如果实际的工作环境与标准的工作条件不符，电梯不能正常运行，或故障率增加并缩短使用寿命。因此特殊环境使用的电梯在订货时应提出特殊的使用条件，制造厂将依据提出的特殊使用条件进行设计制造。

国家标准 GB/T 10058－2009《电梯技术条件》对电梯工作条件规定如下：

① 海拔高度不超过 1000m；

② 机房内的空气温度保持在 5～40℃ 之间；

③ 运行地点的月平均最高相对湿度不超过 90％，同时该月月平均最低温度不高于 25℃；

④ 供电电压相对于额定电压的波动应在 ±7％ 的范围内；

⑤ 环境空气中不应含有腐蚀性和易燃性气体，污染级别不应大于 GB 14048.1—2006 规定的 3 级。

2.2.3 整机性能指标

整机性能指标是所有投入运行的电梯均应达到的最基本的性能。根据国家标准 GB/T 10058—2009《电梯技术条件》要求，整机性能应达到如下的指标。

① 电梯速度 当电源为额定频率和额定电压的情况下，载有 50％ 额定载重量的轿厢向下运行至行程中段（除去加速和减速段）时的速度，不应大于额定速度的 105％，且不得小

于额定速度的 92%。

② 乘客电梯的加速度　启动加速度和制动减速度最大值不应大于 $1.5\mathrm{m/s^2}$。

③ 当额定速度为 $1.0\mathrm{m/s} < v \leqslant 2.0\mathrm{m/s}$ 时，GB/T 24474—2009 测量，A95❶ 平均加、减速度不应小于 $0.5\mathrm{m/s^2}$；当额定速度为 $2.0\mathrm{m/s} < v \leqslant 6.0\mathrm{m/s}$ 时，A95 平均加、减速度不应小于 $0.7\mathrm{m/s^2}$。加速度和加速度变化率曲线见图 2-4。

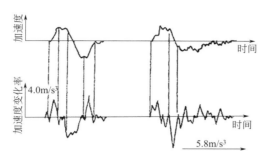

图 2-4　加速度与加速度变化率对应的曲线

④ 乘客电梯轿厢运行在恒加速度区域内的垂直（Z 轴）振动的最大峰峰值不应大于 $0.3\mathrm{m/s^2}$，A95 峰峰值不应大于 $0.2\mathrm{m/s^2}$。

乘客电梯轿厢运行期间水平（X 轴和 Y 轴）振动的最大峰峰值不应大于 $0.2\mathrm{m/s^2}$，A95 峰峰值不应大于 $0.15\mathrm{m/s^2}$。

⑤ 乘客电梯的开关门时间不应超过表 2-2 的规定。

表 2-2　乘客电梯的开关门时间　　　　　　　　　　　　　　　　　　　　　s

开门方式	开门宽度（B）/mm			
	$B \leqslant 800$	$800 < B \leqslant 1000$	$1000 < B \leqslant 1100$	$1100 < B \leqslant 1300$
中分自动门	3.2	4.0	4.3	4.9
旁开自动门	3.7	4.3	4.9	5.9

⑥ 电梯的各机构和电气设备在工作时不应有异常的振动或撞击声响，乘客电梯的噪声值应符合表 2-3 的规定。

表 2-3　乘客电梯的噪声值　　　　　　　　　　　　　　　　　dB(A)

额定速度 v/(m/s)	$v \leqslant 2.5$	$2.5 < v \leqslant 6.0$
额定速度运行时机房内平均噪声值	≤80	≤85
运行中轿厢内最大噪声值	≤55	≤60
开关门过程最大噪声值	≤65	

注：无机房电梯"机房内平均噪声值"是指距离曳引机 1m 处测得的平均噪声值。

⑦ 电梯轿厢的平层准确度宜在 ±10mm 范围内。平层保持精度在 ±20mm 范围内。平层保持精度指的是轿厢在底层平层位置加载到额定载荷并保持 10min 后，在开门宽度中部测量到的轿门地坎与层门地坎的高度差。

⑧ 曳引式电梯的平衡系数应在 0.4～0.5 范围内。

———————————————————

❶　A95：在定义的界限范围内，95% 采样数据的加速度或振动值小于或等于的值。

⑨ 电梯应具备以下安全装置或保护功能，并应能正常工作：

a. 供电系统断、错相保护装置或功能；

b. 限速器-安全钳联动超速保护装置，包括限速器、安全钳动作的电气保护装置和限速器、绳断裂或松弛保护装置；

c. 终端缓冲装置，包括耗能型缓冲器的复位电气保护装置；

d. 超越上下极限工作位置的保护装置；

e. 层门门锁装置及电气联锁装置，包括门锁、紧急开锁与层门自动关闭装置；

f. 自动门关门时被撞击自动重开的装置；

g. 轿厢上行超速保护装置；

h. 紧急操作和停止保护装置。

2.3 电梯的工作原理

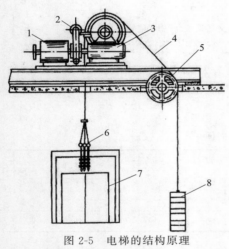

图 2-5 电梯的结构原理

1—电动机；2—制动器；3—减速器；4—曳引绳；5—导向轮；6—绳头组合；7—轿厢；8—对重

电梯工作的驱动形式有曳引驱动、卷筒驱动（强制驱动）、液压驱动等，但现在使用最广泛的是曳引驱动。

曳引驱动电梯的结构原理如图 2-5 所示。安装在机房的电动机与减速箱、制动器等组成曳引机，是曳引驱动的动力。钢丝绳通过曳引轮一端连接轿厢，一端连接对重装置。轿厢与对重装置的重力使曳引钢丝绳压紧在曳引轮的绳槽内。电动机转动时由于曳引轮绳槽与曳引钢丝绳之间的摩擦力，带动钢丝绳使轿厢和对重做相对运动，轿厢在井道中沿导轨上下运行。

曳引驱动相对卷筒驱动有很大的优越性。首先是安全可靠，当运行失控发生冲顶、蹲底时，只要一边的钢丝绳松弛，另一边的轿厢或对重就不能继续向上提升，不会发生撞击井道顶板或拉断钢丝绳的事故。而且一般曳引钢丝绳都在 3 根以上，由断绳造成坠落的可能性大大减小。其次是允许提升的高度大，卷筒驱动在提升时要将钢丝绳绕在卷筒上，在提升高度大的情况下，驱动设备变得十分庞大笨重。而曳引驱动钢丝绳长度不受限制，可以方便地实现大高度的提升，而且在提升高度改变时，驱动装置不需改变。

2.3.1 曳引系数和曳引条件

图 2-6 为曳引驱动的钢丝绳受力简图。设 $T_1 > T_2$，且此时曳引钢丝绳在曳引轮上正处于将要打滑的临界平衡状态。这时曳引钢丝绳悬挂轿厢一端的拉力 T_1 和悬挂对重一端的拉力 T_2 之间应满足什么关系呢？

根据著名的欧拉公式，T_1 与 T_2 之间有如下的关系：

$$\frac{T_1}{T_2} \leqslant e^{f\alpha} \tag{2-1}$$

式中　e——自然对数的底；

　　　α——曳引绳在曳引轮上的包角，rad；

　　　f——曳引绳在曳引轮槽中的当量摩擦系数，与曳引轮
　　　　　的绳槽形状和曳引轮材料等有关。

带切口和半圆槽：

$$f = \frac{4\mu\left(1 - \sin\dfrac{\beta}{2}\right)}{\pi - \beta - \sin\beta}$$

V 形槽：

$$f = \frac{\mu}{\sin\dfrac{\gamma}{2}}$$

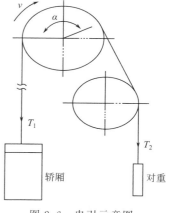

图 2-6　曳引示意图

式中　μ——钢丝绳与曳引轮槽的摩擦系数，一般铸铁曳引轮

　　　　　取 $\mu = 0.09$；

　　　β——半圆切口槽的切口角，rad，对半圆槽 $\beta = 0$ ［图 2-7 （c）］；

　　　γ——V 形槽开口夹角，rad ［图 2-7 （a）］。

式（2-1）中的 $e^{f\alpha}$ 称为曳引系数。曳引系数是一个客观量，它与 f、α 有关。

$e^{f\alpha}$ 限定了 T_1/T_2 的允许比值，$e^{f\alpha}$ 大，则表明 T_1/T_2 的允许比值大。$T_1 - T_2$ 的允许值大，也就表明电梯曳引能力大。因此，一台电梯的曳引系数代表了该台电梯的曳引能力。

式（2-1）是按静平衡条件得出的，要使电梯在工作情况下不打滑（按图 2-6 中 v 的方向运行），保证有足够的曳引能力，就必须满足 $T_1/T_2 < e^{f\alpha}$。

由于运行状态下电梯轿厢的载荷轿厢的位置以及运行方向都在变化，为使电梯在各种情况下都有足够的曳引力，国家标准 GB 7588—2003《电梯制造与安装安全规范》规定，曳引条件应符合：

$$\frac{T_1}{T_2} \times C_1 \times C_2 \leqslant e^{f\alpha} \tag{2-2}$$

式中，T_1/T_2 为载有 125% 额定载荷的轿厢位于最低层站及空轿厢位于最高层站两种情况下曳引轮两边的曳引绳中较大静拉力与较小静拉力之比。

C_1 为与加速度、减速度及电梯特殊安装情况有关的系数，一般称动力系数或加速系数：

$$C_1 = \frac{g + a}{g - a}$$

g 为自由落体的标准加速度，m/s^2；a 为轿厢的制动减速度，m/s^2。

C_1 的最小允许值如下（v 为额定速度）：

$0 < v \leqslant 0.63 \mathrm{m/s}$ 时，为 1.10；

$0.63 \mathrm{m/s} < v \leqslant 1.00 \mathrm{m/s}$ 时，为 1.15；

$1.00 \mathrm{m/s} < v \leqslant 1.60 \mathrm{m/s}$ 时，为 1.20；

$1.60 \mathrm{m/s} < v \leqslant 2.50 \mathrm{m/s}$ 时，为 1.25。

当额定速度 v 大于 2.5m/s 时，C_1 值应按各种具体情况计算，但不得小于 1.25。

C_2 为由于磨损导致曳引轮槽断面变化的影响系数：对半圆槽或切口槽 $C_2 = 1$；对 V 形槽 $C_2 = 1.2$。

GB 7588—2003 对曳引还要求：当对重完全压在缓冲器上而曳引机仍按上行方向旋转时，轿厢不可能再向上提升。这是十分重要的安全条件，是当电梯越程后不发生撞顶事故的最后保障。从式（2-1）中可以看出此时 T_2 很小，只剩下曳引钢丝绳的重量，$T_1/T_2 > e^{f\alpha}$，故轿厢不能再向上提升。

2.3.2 曳引能力分析

从曳引条件公式［式（2-2）］可知，曳引系数 $e^{f\alpha}$ 代表了电梯的曳引能力，也就是曳引能力与曳引钢丝绳在绳槽中的摩擦系数和曳引钢丝在曳引轮上的包角有关，而且曳引轮两钢丝绳张力的变化也会改变曳引条件。

（1）摩擦系数 f

在各种不同形状的绳槽中，f 与绳槽的形状、绳槽的材料以及钢丝绳和绳槽的润滑情况有关。其中，V 形槽的 f 最大，并随着槽的开口角 γ［图 2-7(a)］的减小而增大，同时磨损也增大，而且当 γ 角太小时，在曳引绳进出绳槽时会发生卡绳现象。一般取 $\gamma = 35°$。V 形槽随着槽形的磨损会趋近于半圆切口槽，f 也会逐渐减小。

半圆形槽［图 2-7(b)］的 f 最小，但钢丝绳在槽中的比压也最小，一般用于复绕的曳引轮。

半圆形带切口槽［图 2-7(c)］的 f 介于 V 形槽和半圆形槽之间，而且摩擦系数 f 随 β 角的加大而加大。在绳槽磨损时，由于 β 基本不变，所以 f 也基本不变，这是目前采用最广的槽型。

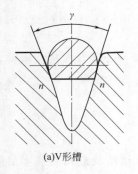 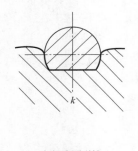 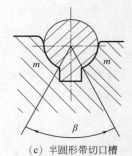

(a)V形槽　　　　　（b）半圆形槽　　　　　（c）半圆形带切口槽

图 2-7　曳引轮绳槽

钢丝绳在绳槽中的摩擦系数 μ 与摩擦系数 f 成正比，而 μ 又是由绳槽的材料和润滑情况决定的。为提高 μ，国外已在超高速电梯上使用摩擦系数大、耐磨性好的非金属槽垫，不但使摩擦系数提高一倍，还延长了钢丝绳的寿命.减小了接触噪声和振动。

钢丝绳在绳槽内的润滑情况也直接影响摩擦系数 μ，在轻微润滑时 $\mu = 0.09 \sim 0.1$，当润滑过度时 μ 可降到 0.06 以下。

（2）包角 α

增大包角 α 是增加曳引能力的重要途径。增大包角目前主要采用两种方法：一是采用 2∶1 的曳引比，使包角增至 180°；另一种是采用复绕型式（图 2-8），此时的计算包角为 α_1 与 α_2 之和。一般用在高层高速电梯上。

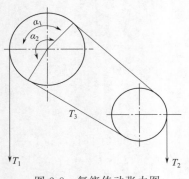

图 2-8　复绕传动张力图

（3）T_1 和 T_2 的比值

从曳引条件的公式［式（2-2）］可知，T_1 和 T_2 之间的比值变化也会改变曳引条件。

当轿厢自重减轻时，对 125% 载荷的轿厢在底层时的曳引条件有利，但当空载轿厢在最高层时，若自重太轻，则可能会不符合曳引条件（T_2 太小）而使钢丝绳打滑。如果增加轿厢自重，虽然可以增加一些曳引能力，但会增加钢丝绳在绳槽的磨损，是不可取的。

一般从兼顾曳引能力和绳槽的磨损来看，增加曳引能力应从加大包角、增大曳引轮直径和增加曳引绳根数来考虑。

2.3.3　曳引绳绕绳传动方式

电梯曳引钢丝绳的绕绳方式主要取决于曳引条件、额定载重量和额定速度等因素。在选择绕绳方式时应考虑有较高的传动效率、合理的能耗和钢丝绳的使用寿命。特别要注意应尽量避免钢丝绳的反向弯曲。

曳引绳的绕法有多种，这些绕法也可看成不同的传动方式，因此不同的绕法就有不同的传动速比，也叫曳引比或倍率，它是电梯运行时曳引轮节圆的线速度与轿厢运行速度之比。根据同一根钢丝绳在曳引轮上绕的次数可分为单绕和复绕。单绕时钢丝绳在曳引轮上只绕过一次，其包角小于或等于 $180°$，而复绕时钢丝绳在曳引轮上绕过两次，其包角大于 $180°$。

常见的绕法有以下几种。

（1）曳引机上置

曳引机组位于井道上部的称为上置式，有以下几种不同的传统绕绳方式。

图 2-9（a）是单绕，曳引比为 $1:1$（倍率 $i=1$）的绕绳方式；图 2-9（b）是单绕，曳引比为 $2:1$（倍率 $i=2$）的绕绳方式；图 2-9（c）是单绕，曳引比为 $3:1$（倍率 $i=3$）的绕绳方式；图 2-9（d）是单绕，曳引比为 $4:1$（倍率 $i=4$）的绕绳方式；图2-9（e）是复绕，曳引比为 $1:1$（倍率 $i=1$）的绕绳方式。

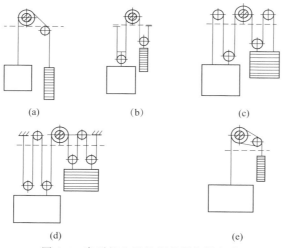

图 2-9　曳引机上置的钢丝绳绕绳方式

（2）曳引机下置

曳引机组设于井道底部旁侧或底部地下室的称为下置式，有以下几种不同的传统绕绳方式。

图 2-10（a）是单绕，曳引比为 1：1（倍率 $i=1$）的绕绳方式；图 2-10（b）是单绕，曳引比为 2：1（倍率 $i=2$）的举升式绕绳方式；图 2-10（c）是单绕，曳引比为 2：1（倍率 $i=2$）的悬挂式绕绳方式；图 2-10（d）是复绕，曳引比为 1：1（倍率 $i=1$）的绕绳方式。

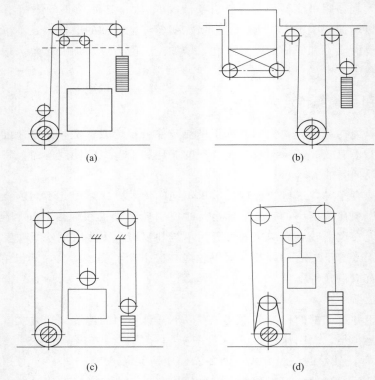

(a)   (b)

(c)   (d)

图 2-10　曳引机下置的钢丝绳绕绳方式

【思考题】

2-1　简述电梯的总体结构及各系统的功能。

2-2　如何解决电梯的快速性要求与舒适性要求之间的矛盾？

2-3　电梯的工作条件是什么？整机性能指标有哪些？

2-4　请说明曳引系数与曳引能力之间的关系。

2-5　简述电梯的基本工作原理。

2-6　什么叫曳引机的上置？什么叫曳引机的下置？

2-7　曳引机上置与曳引机下置有何区别？

模块三 曳引系统

【知识目标】

① 曳引系统的组成　电梯由机械和电气两大部分组成。

② 曳引机的驱动形式。

③ 电梯制动系统　电梯主机上设有制动器，当电梯动力电源失电或控制电路电源失电时，制动器应自动动作，制停电梯运行。

④ 曳引钢丝绳的选择与电梯的关联影响。

【能力目标】

① 通过参观实物电梯或模拟电梯，了解电梯曳引系统的组成。

② 通过模拟电梯操作，了解电梯制动系统。

③ 通过参观实物电梯，掌握曳引钢丝绳的选择与电梯的关联影响。

【知识链接】

3.1 曳引机

曳引机是驱动电梯轿厢和对重装置上、下运行的装置，是电梯的主要部件，图 3-1～图 3-6 所示为几种常见的曳引机外形。

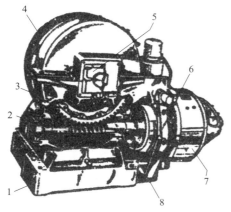

图 3-1 蜗轮副曳引机

1—齿轮箱和底座；2—止推轴承；3—蜗轮；4—曳引轮；
5—蜗轮副调整装置；6—电磁制动器；7—电动机；8—蜗杆

图 3-2 立式曳引机

1—电动机；2—曳引轮；3—机架；
4—减速箱；5—制动器

图 3-3　无齿轮曳引机

图 3-4　无机房交流永磁同步曳引机

1—导轨；2—安装架；3—编码器；4—操纵盒；
5—制动器；6—电机；7—曳引绳；8—曳引轮

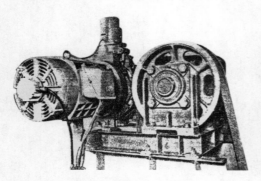

图 3-5　斜齿轮曳引机

图 3-6　行星齿轮曳引机

3.1.1　曳引机的分类

① 按驱动电动机，可分为交流电动机驱动的曳引机、直流电动机驱动的曳引机和永磁电动机驱动的曳引机。

② 按有无减速器，可分为无减速器曳引机（无齿轮曳引机）和有减速器曳引机（有齿轮曳引机）。

电梯额定速度和额定载重量变化，曳引电动机、减速器、曳引轮的尺寸参数及结构型式也会发生相应变化，因而可以派生出更多的曳引机机型。

3.1.2　无齿轮曳引机

我国早期的无齿轮曳引机一般用在 $v>2.5\mathrm{m/s}$ 的高速电梯上。这种曳引机的曳引轮紧固在曳引电动机轴上，没有机械减速机构，整机结构比较简单。曳引电动机是专为电梯设计和制造，能适应电梯运行工作特点，是具有良好调速性能的交、直流电动机。近几年无齿轮曳引机的新产品层出不穷，不仅用在 $v>2.5\mathrm{m/s}$ 的电梯上，而且在 $v\leqslant 2.5\mathrm{m/s}$ 的电梯上也被广泛采用。碟式永磁同步电动机结合变频和低摩擦技术形成无齿轮曳引机，主要用在无机房电梯中。与此类似的国产曳引机也很多，其典型代表为 WYJ 型的各种永磁无齿轮曳引机，它的外形结构如图 3-7 所示。这类曳引机以其效率高、噪声低、体积小、免维护、低速运转平稳、运行可靠等优点，被广泛应用在各类电梯的曳引系统中。

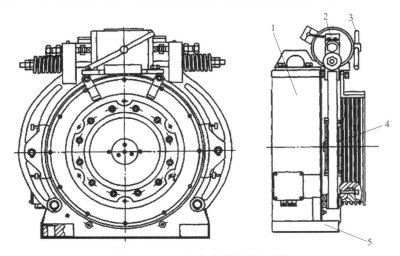

图 3-7　WYJ 型永磁无齿轮曳引机

1—永磁同步电机；2—制动器；3—松闸扳手；4—曳引轮；5—底座

3.1.3　有齿轮曳引机

目前有齿轮曳引机一般用在各种货梯、杂物电梯上。为了减小曳引机运行时的噪声和提高平稳性，一般采用蜗轮副作为减速传动装置。近十来年，有齿轮曳引机也有很大发展，如行星齿轮曳引机和斜齿轮曳引机，不仅改善了蜗轮副传动效率低的问题，而且提高了有齿轮曳引机电梯的运行速度，速度 $v \geq 2.0 \mathrm{m/s}$ 的电梯已开始使用这两种机型的有齿轮曳引机。

蜗轮副曳引机主要由曳引电动机、蜗杆、蜗轮、制动器、曳引绳轮、机座等构成，其外形结构如图 3-8 所示，其中图（a）为蜗杆下置式曳引机，图（b）为蜗杆上置式曳引机。有齿轮曳引机的曳引电动机通过联轴器与蜗杆连接，蜗轮与曳引绳轮同装在一根轴上。由于蜗杆与蜗轮间有啮合关系，曳引电动机能够通过蜗杆驱动蜗轮和绳轮做正反向运行。电梯的轿厢和对重装置分别连接在曳引钢丝绳的两端，曳引钢丝绳绕在曳引轮上。曳引绳轮转动时，通过曳引绳和曳引轮之间的摩擦力（也叫曳引力），驱动轿厢和对重装置上下运行。为了提高电梯的曳引力，在曳引轮上加工有如图 3-9 所示的曳引绳槽，曳引钢丝绳分别就位于绳槽内。

采用单绕 2∶1 绕绳法和有齿轮曳引机的电梯，其曳引系统可用图 3-10 表示。曳引机是电梯的主要部件之一。电梯的载荷、运行速度等主要参数取决于曳引机的电动机功率和转速、蜗杆与蜗轮的模数和减速比、曳引轮的直径和绳槽数以及曳引比（曳引方式）等。它们之间的各种关系在标准 GB/T 24478 中做了纲领性规定，而原标准 JB/Z 110—74 中做了如表 3-1 所示的规定（表中各参数仅作参考）。

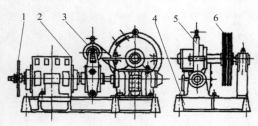

(a) 蜗杆下置式曳引机

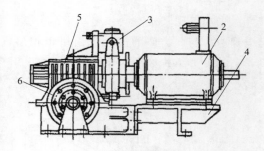

(b) 蜗杆上置式曳引机

图 3-8　有齿轮曳引机外形结构示意图

1—惯性轮；2—交流电动机；3—制动器；4—曳引机底盘；5—蜗轮副减速器；6—曳引轮

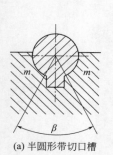

(a) 半圆形带切口槽

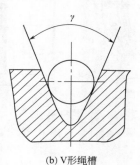

(b) V形绳槽

图 3-9　曳引绳机槽

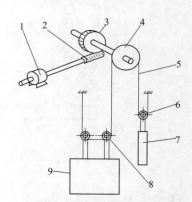

图 3-10　2：1绕绳法的曳引系统

1—曳引电动机；2—蜗杆；3—蜗轮；

4—曳引绳轮；5—曳引钢丝绳；6—对重轮；

7—对重装置；8—轿顶轮；9—轿厢

表 3-1　电梯曳引机系列表

载重量 /kg	速度 /(m/s)	曳引比	中心距 /mm	模数	节模比	速度比	曳引轮直径/mm	钢丝绳直径/mm	静阻矩 /N·m	原动机功率/kW	平均转速 /(r/min)	电动机型号
100	0.5	1：1	120	5	9	1/38	400	2×9.5	131.4	1.5	930	JHO₂
200	0.5	1：1	120	5	10	1/38	400	2×9.5	262.8	2.2	930	JHO₂
350	0.5	1：1	190	6	9	1/53	540	4×9.5	617.8	2.2	930	JHO₂
500	0.5	1：1	190	6	9	1/53	540	4×9.5	882.6	4	930	JTD
	1.0	1：1	190	6	9	2/53	540	4×9.5	882.6	5.5	930	JTD
	1.5	1：1	190	6	9	3/53	540	4×9.5	882.6	11	960	JTD
	1.75	1：1	190	6	9	3/53	620	4×9.5	1019.9	11	960	JTD
750	0.5	1：1	250	7	9	1/61	620	5×13	1529.8	7.5	940	JTD
	1.0	1：1	250	7	9	2/61	620	5×13	1529.8	7.5	940	JTD
	1.5	1：1	250	7	9	3/61	620	5×13	1529.8	11	960	ZTD
	1.75	1：1	250	7	9	3/61	700	5×13	1745.6	15	960	ZTD

载重量/kg	速度/(m/s)	曳引比	中心距/mm	模数	节模比	速度比	曳引轮直径/mm	钢丝绳直径/mm	静阻矩/N·m	原动机功率/kW	平均转速/(r/min)	电动机型号
	0.5	1:1	250	7	9	1/61	620	5×13	2039.8	7.5	940	JTD
	0.5	2:1	250	7	9	2/61	620	5×13	1019.9	7.5	940	JTD
1000	1.0	1:1	250	7	9	2/61	620	5×13	2039.8	11	960	JTD
	1.5	1:1	250	7	9	3/61	620	5×13	2039.8	15	960	ZTD
	1.75	1:1	250	7	9	3/61	700	5×13	2334	22	960	ZTD
	0.5	1:1	300	8	9	1/67	680	5×16	3353.9	11	960	JTD
	0.75	2:1	250	8	8	2/53	780	5×16	1922.1	11	960	JTD
1500	1.0	1:1	300	8	8	2/67	680	5×16	3353.9	15	960	JTD
	1.5	1:1	300	8	8	3/67	680	5×16	3353.9	22	960	ZTD
	1.75	1:1	300	8	8	3/67	780	5×16	3844	30		ZTD
	0.5	2:1	250	7	8	2/61	620	5×13	2040	11	960	JTD
2000	0.75	2:1	250	8	8	2/53	780	5×16	2569.3	15	960	JTD
	0.5	1:1	360	10	8	1/63	640	6×16	4207.1	11	960	JTD
	1.0	1:1	360	10	8	2/63	640	6×16	4207.1	22	960	JTD
	0.25	2:1	300	8	8	1/67	680	5×16	3353.9	11	960	JTD
3000	0.5	2:1	300	8	8	2/67	680	5×16	3353.9	15	960	JTD
	0.75	2:1	300	10	8	2/51	680	5×16	3844.2	22	960	JTD

表 3-1 中各参数是根据曳引机的蜗轮副为阿基米德齿形确定的。近年来，随着科学技术的发展和技术引进工作的展开，除采用阿基米德齿形的蜗轮副外，又出现了 K 型齿形蜗轮副、渐开线齿形蜗轮副、球面齿形蜗轮副、双包络多齿啮合蜗轮副等新齿形蜗轮副所装配成的新型曳引机。由于这些新齿形蜗轮副比阿基米德齿形蜗轮副有着更高的传动效率，所以在同样模数的情况下输出扭矩要大些。在运行速度和额定载重量相同的情况下，曳引电动机的功率和曳引机的机型都可以缩小，既节能又节省原材料消耗。对此，表 3-1 中部分参数需做必要的修正。

采用有齿轮曳引机的电梯，其运行速度与曳引机的减速比、曳引轮直径、曳引比、曳引电动机的转速之间的关系可用以下公式表示：

$$v = \frac{\pi D n}{60 i_y i_j} \tag{3-1}$$

式中　v——电梯运行速度，m/s；

　　　D——曳引轮直径，m；

　　　i_y——曳引比（倍率）；

　　　i_j——减速比；

　　　n——曳引电动机转速，r/min。

【例】有一台电梯，其曳引轮轮直径为 0.62m，电动机平均转速为 960r/min，减速比为 61:2，曳引比为 2:1，求电梯的运行速度？

解 已知 $D=0.62\text{m}$，$n=960\text{r/min}$，$i_\text{j}=61/2$，$i_\text{y}=2/1$，代入式（3-1）得

$$v=\frac{\pi Dn}{60i_\text{y}i_\text{j}}=\frac{3.14\times0.62\times960}{60\times\frac{61}{2}\times\frac{2}{1}}\text{m/s}\approx0.5\text{m/s}$$

曳引电动机是驱动电梯上下运行的动力源，其运行情况比较复杂。运行过程中需频繁地启动、制动、正转、反转，而且负载变化很大，经常工作在重复短时状态、电动状态、再生制动状态的情况下，因此，要求曳引电动机不但应能适应频繁启、制动的要求，而且要求启动电流小、启动力矩大、机械特性硬、噪声小，当供电电压在额定电压±7%的范围内变化时，还能正常启动和运行。因此电梯用曳引电动机是专用电动机。对于电梯用交流电动机的结构型式和基本参数、尺寸，应符合国家标准 GB/T 12974—2012《交流电动机通用技术条件》的规定。由于曳引电动机的工作情况比较复杂，所以对电动机功率的计算比较麻烦，一般常用以下公式计算：

$$P=\frac{(1-K_\text{p})Qv}{102\eta} \tag{3-2}$$

式中 P——曳引电动机轴功率，kW；

K_p——电梯平衡系数（一般取 0.4～0.5）；

Q——电梯轿厢额定载重量，kg；

v——电梯额定运行速度，m/s；

η——电梯的机械总效率。

采用有齿轮曳引机的电梯，若蜗轮副为阿基米德齿形时，电梯机械总效率取 0.5～0.55。采用无齿轮曳引机的电梯，电梯机械总效率取 0.75～0.8。

【例】 有一台额定载重量为 2000kg、额定运行速度为 0.5m/s 的交流双速梯，曳引机的蜗轮副采用阿基米德齿形，电动机的额定转速为 960r/min，求电动机的功率应为多少千瓦？

解 已知 $Q=2000\text{kg}$，$v=0.5\text{m/s}$，$\eta=0.5$，$K_\text{p}=0.5$，代入式（3-2）得

$$P=\frac{(1-0.5)\times2000\times0.5}{102\times0.5}\text{kW}\approx9.8\text{kW}$$

3.1.4 制动器

为了提高电梯的安全可靠性和平层准确度，电梯上必须设有制动器，当电梯动力电源失电或控制电路电源失电时，制动器应自动动作，制动电梯运行。在电梯曳引机上一般装有如图 3-11 所示的电磁式直流制动器。这种制动器主要由直流抱闸线圈、电磁铁芯、闸瓦、闸瓦架、制动轮（盘）、制动弹簧等构成。

制动器必须设有两组独立的制动机构，即两个铁芯、两组制动臂、两个制动弹簧。若一组制动机构失去作用，另一组应能有效地制停电梯运行。有齿轮曳引机采用带制动轮（盘）的联轴器，一般安装在电动机与减速器之间。无齿轮曳引机的制动轮（盘）与曳引绳轮是铸成一体的，并直接安装在曳引电动机轴上。

电磁式制动器的制动轮直径、闸瓦宽度及其圆弧角可参考表 3-2 的规定。制动器是电梯机械系统的主要安全设施之一，而且直接影响着电梯的乘坐舒适感和平层准确度。电梯在运行过程中，根据电梯的乘坐舒适感和平层准确度，可以适当调整制动器在电梯启动时松闸、

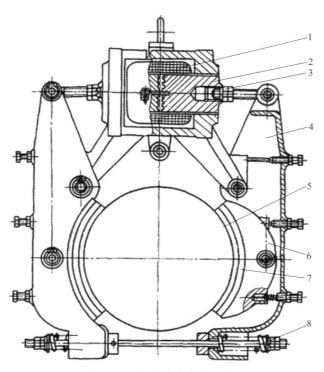

图 3-11 电磁式直流制动器

1—线圈；2—电磁铁芯；3—调节螺母；4—闸瓦架；5—制动轮；6—闸瓦；7—闸皮；8—制动弹簧

平层停靠时抱闸的时间以及制动力矩的大小等。

表 3-2 电磁式制动器的参数尺寸

曳引机	电梯额定载重量/kg	制动轮直径/mm	闸瓦	
			宽度/mm	圆弧角度/(°)
有齿轮	100～200	150	65	88
	500	200	90	88
	750～3000	300	140	88
无齿轮	1000～1500	840	200	88

为了减小制动器抱闸、松闸时产生的噪声，制动器线圈内两块铁芯之间的间隙不宜过大。闸瓦与制动轮之间的间隙也是越小越好，一般以松闸后闸瓦不碰擦运转着的制动轮为宜。

3.2 曳引钢丝绳

采用 GB 8903—2005 中规定的电梯用钢丝绳，这种钢丝绳分为 6×19S＋NF 和 8×19S＋NF 两种，均采用天然纤维或人造纤维作芯子。其截面结构如图 3-12 所示。

6×19S＋NF 为 6 股，每股 3 层，外面两层各 9 根钢丝，最里层一根钢丝。8×19S＋NF 的结构与 6×19S＋NF 相仿。每种有 6mm、8mm、11mm、13mm、16mm、19mm、22mm 等几种规格。

电梯用钢丝绳的钢丝化学成分、力学性能等在 GB 8904—1988 中也做了详细规定。

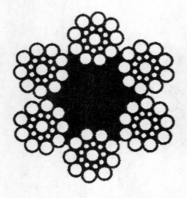 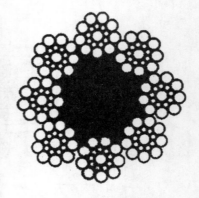

(a) 6×19S+NF钢丝绳　　　　　　(b) 8×19S+NF钢丝绳

图 3-12　钢丝绳结构图

电梯的曳引钢丝绳是连接轿厢和对重装置的机件，承载着轿厢、对重装置、额定载重量等重量的总和。为了确保人身和电梯设备的安全，各类电梯的曳引钢丝绳根数以及安全系数一般应符合表 3-3 的规定。在电梯产品的设计和使用过程中，各类电梯选用曳引绳根数和每根绳的直径可参照表 3-4 中的规定执行。

表 3-3　曳引绳根数与安全系数

电梯类型	曳引绳根数	安全系数
客梯、货梯、医梯	≥4	≥12
杂物梯	≥2	≥10

表 3-4　电梯速度与曳引绳轮直径和曳引绳直径比值

电梯额定速度 v	D/d
≥2m/s	≥45
<2m/s	≥40
≤0.5m/s（杂物梯）	≥30

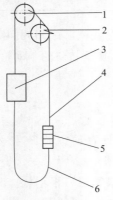

图 3-13　带补偿装置的电梯

1—曳引绳轮；2—导向轮；3—轿厢；
4—曳引钢丝绳；5—对重装置；6—补偿绳或补偿链

每台电梯所用曳引钢丝绳的数量和绳的直径，与电梯的额定载重量、运行速度、井道高度、曳引方式有关。在电梯产品设计中，当电梯的提升高度比较大时，由于钢丝绳的自重过大，导致电梯平衡系数随轿厢位置的变化而变化，给电梯的调整工作造成困难，甚至影响和降低电梯的整机性能。为此常在电梯轿厢和对重装置之间装设如图 3-13 所示的补偿绳或补偿链，以减少平衡系数的变化。

3.3　绳头组合

绳头组合也称曳引绳锥套。曳引绳锥套在曳引比为 1∶1 的曳引系统中，是曳引钢丝绳连接轿厢和对重装置的一种过渡机件。在曳引比为 2∶1 的曳引系统中，则是曳引钢丝绳连接曳引机承重梁及绳头板大梁的一种过渡机件。曳引机承重梁是固定、支撑曳引机的机件，一般由 2～3 根工字钢或 2 根槽钢和 1 根工字钢组成，梁的两端分别稳固在对应井道壁上，承重梁下部离机房地板间隙不小于 50mm。

绳头板大梁由两根 20～24 号槽钢组成，按背靠背的形式放置在机房内预定的位置上，梁的一端固定在曳引机的承重梁上，另一端稳固在对应井边墙壁的机房地板上。采用曳引比为 2∶1 的电梯，曳引钢丝绳的一端通过曳引绳锥套和绳头板固定在曳引机的承重梁上，另一端绕过轿顶轮、曳引绳轮和对重轮，通过曳引绳锥套和绳头板固定在绳头板大梁上。

绳头板是曳引绳锥套连接轿厢、对重装置或曳引机承重梁、绳头板大梁的过渡机件。绳头板用厚度为 20mm 以上的钢板制成。板上有固定曳引绳锥套的孔，每台电梯的绳头板上钻孔的数量与曳引钢丝绳的根数相等，孔按一定的形式排列着。每台电梯需要两块绳头板。曳引比为 1∶1 的电梯绳头板分别固定在轿架和对重架上。曳引比为 2∶1 的电梯，绳头板分别用螺栓固定在曳引机承重梁和绳头板大梁上。

曳引绳锥套按用途可分为用于曳引钢丝绳直径为 ϕ10mm、ϕ13mm 和 ϕ16mm 三种。如按结构型式又可分为浇灌式、楔块式两种，如图 3-14 所示。

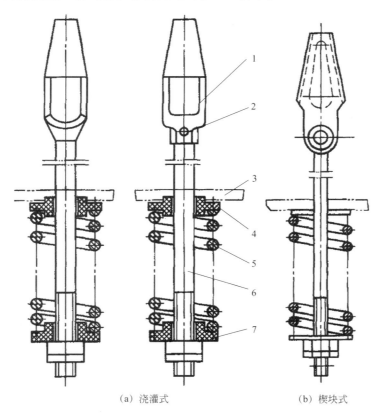

（a）浇灌式　　　（b）楔块式

图 3-14　曳引绳锥套

1—锥套；2—铆钉；3—绳头板；4—弹簧垫；5—弹簧；6—拉杆；7—弹簧垫

组合式的曳引绳锥套，其锥套和拉杆是两个独立的零件，它们之间用铆钉铆合在一起。非组合式的曳引绳锥套，其锥套和拉杆是锻成一体的。

曳引绳锥套与曳引钢丝绳之间的连接处，其抗拉强度应不低于钢丝绳的抗拉强度，因此曳引绳头需预先做成类似大蒜头的形状，穿进锥套后再用巴氏合金浇灌。采用曳引比为1：1的电梯，曳引钢丝绳、曳引绳锥套、绳头板、轿厢架之间的连接关系可用图 3-15 表示。其中自锁模式曳引绳锥套是 20 世纪 90 年代设计生产的，它可以省去浇灌巴氏合金的环节，曳引绳伸长后的调节也比较方便。

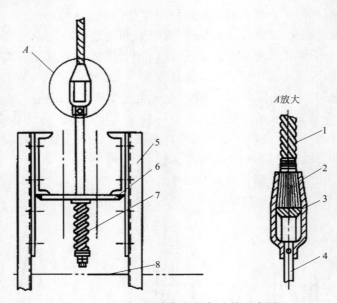

图 3-15 曳引绳锥套与轿厢架连接示意图

1—钢丝绳；2—锥套；3—巴氏合金；4—拉杆；5—轿厢架；6—绳头板；7—弹簧；8—轿厢

【思考题】

3-1 简述曳引机的分类。

3-2 简述制动器的结构和工作原理。

3-3 简述曳引钢丝绳的要求。

3-4 简述绳头组合的结构要求。

模块四 轿厢和门系统

【知识目标】

① 轿厢的组成。

② 电梯门系统，由轿门、轿门门机及层门等机构组成。

③ 电梯的轿门 轿门必须装有轿门闭合验证装置，该装置因电梯的种类、型号不同而异。

④ 电梯的层门 电梯的层门应为无孔封闭门。

【能力目标】

① 通过参观实物电梯或模拟电梯，了解轿厢的组成。

② 通过电梯门操作，了解电梯的门系统。

③ 通过参观实物电梯，认识电梯的层门。

【知识链接】

4.1 轿厢

轿厢是用来运送乘客或货物的电梯组件，由轿厢架和轿厢体两大部分组成，其基本结构如图 4-1 所示。

4.1.1 轿厢架

轿厢架由上梁、立梁、下梁组成。上梁和下梁各用两根 16～30 号槽钢制成，也可用 3～8mm 厚的钢板压制而成。立梁用槽钢或角钢制成，也可用 3～6mm 的钢板压制成。上、下梁有两种结构型式，其中一种把槽钢做背靠背的放置，另一种则做面对面的放置。由于上、下梁的槽钢放置形式不同，作为立梁的槽钢或角钢在放置形式上也不相同，而且安全钳的安全嘴在结构上也有较大的区别。

4.1.2 轿厢

一般电梯的轿厢体由轿底、轿壁、轿顶、轿门等机件组成，轿厢出入口及内部净高度至少为 2m，轿厢的面积应按 GB 7588—2003 的 8.2 条的规定进行有效控制。

(1) 轿底

轿底用 6～10 号槽钢和角钢按设计要求的尺寸焊接成框架，然后在框架上铺设一层 3～

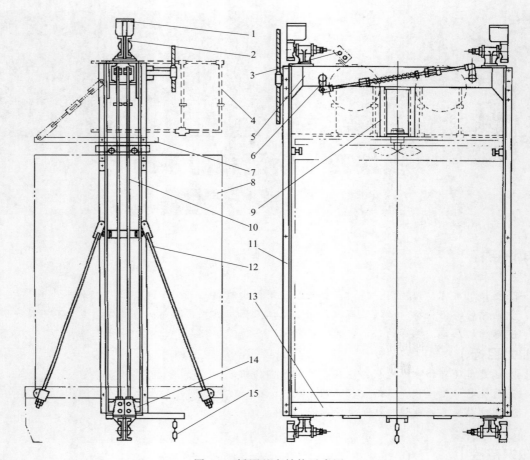

图 4-1　轿厢基本结构示意图

1—导轨加油壶；2—导靴；3—轿顶检修箱；4—轿顶安全栅栏；5—轿架上梁；6—安全钳传动机构；

7—开门机架；8—轿厢；9—风扇架；10—安全钳拉条；11—轿厢立柱；12—轿厢拉条；

13—轿厢底梁；14—安全钳嘴；15—补偿链

4mm 厚的钢板而成。一般货梯在框架上铺设的钢板多为花纹钢板。普通客梯、医梯在框架上铺设的多为普通平面无纹钢板，并在钢板上粘贴一层塑料地板。高级客梯则在框架上铺设一层木板，然后在木板上铺放一块地毯。

高级客梯的轿厢大多设计成活络轿厢，这种轿厢的轿顶、轿底与轿架之间不用螺栓固定，在轿顶上通过 4 套滚轮限制轿厢在水平方向上做前后和左右摆动。而轿底的结构比较复杂，需有一个用槽钢和角钢焊接成的轿底框，这个轿底框通过螺栓与轿架的立梁连接，框的 4 个角各设置一块 40～50mm 厚、大小为 200mm×200mm 左右的弹性橡胶。和一般轿底结构相似，与轿顶和轿壁紧固成一体的轿底放置在轿底框的 4 块弹性橡胶板上。由于这 4 块弹性橡胶板的作用，轿厢能随载荷的变化而上下移动。若在轿底再装设一套机械和电气检测装置，就可以检测电梯的载荷情况。若把载荷情况转变为电信号送到电气控制系统，就可以避免电梯在超载的情况下运行，减少事故发生。

（2）轿壁

轿壁多采用厚度为 1.2～1.5mm 的薄钢板制成槽钢型式，壁板的两头分别焊一根角钢作堵头。轿壁间与轿顶、轿底间多采用螺钉紧固成一箱体。壁板高度与电梯的类别及轿壁的结构型式有关，宽度一般不大于 1000mm。为了提高轿壁板的机械强度，减少电梯在运行过程中的噪声，在轿壁板的背面点焊用薄板压成形状的加强筋。大小不同的轿厢，用数量和宽度不等的轿壁板拼装而成。为了美观起见，有的在各轿壁板之间还装有铝镶条；有的在轿壁板面上贴一层防火塑料板；或用 0.5mm 厚的不锈钢板包边；有的还在不锈钢制作的轿壁板上蚀刻图案或花纹等。对乘客电梯，轿壁上还装有扶手、整容镜等。

观光电梯轿壁可使用厚度不小于 10mm 的安全夹层玻璃，玻璃上应有供应商名称或商标、玻璃形式和厚度的永久性标志。在距轿厢地板 1.1m 高度以下，若使用玻璃作轿壁，则应在 0.9～1.1m 的高度设一个扶手，这个扶手应牢固固定。

（3）轿顶

轿顶的结构与轿壁相仿。轿顶装有照明灯及电风扇。除杂物电梯外，有的电梯的轿顶还设置安全窗，在发生事故或故障时，便于司机或检修人员上轿顶检修井道内的设备，必要时乘用人员还可以通过安全窗撤离轿厢。

由于检修人员经常上轿顶保养和检修电梯，为了确保电梯设备和维修人员的安全，电梯轿顶应能承受 3 个带一般常用工具的检修人员的重量。

轿厢是乘用人员直接接触的电梯部件，因此，各电梯制造厂对轿厢的装潢是比较重视的，特别是在高级客梯的轿厢装潢上更下功夫，除常在轿壁上贴各种类别的装潢材料外，还在轿厢地板上铺地毯，轿顶下面加装各种各样的吊顶，如满天星吊顶等，给人以豪华、舒适的感觉。

4.2　轿门

轿门也称轿厢门。它是为了确保安全，在轿厢靠近层门的侧面设置供司机、乘用人员和货物出入的门。

轿门按结构型式分有封闭式轿门和网孔式轿门两种。按开门方向分有左开门、右开门和中开门三种。货梯也有采用向上开启的垂直滑动门，这种门可以是网状的或带孔的板状结构型式。通用医梯、客梯及货梯的轿门均采用封闭式轿门。

轿门除了用钢板制作外，还可以用安全夹层玻璃制作，玻璃门扇的固定方式应能承受 GB 7588—2003 规定的作用力，且不损伤玻璃的固定件。玻璃门的固定件，应确保即使玻璃下沉时也不会滑脱。玻璃门扇上应有供应商名称或商标、玻璃的形式和厚度的永久性标志。对动力驱动的自动水平滑动玻璃门，为了避免拖拽孩子的手，应采取减少手与玻璃之间的摩擦系数，使玻璃不透明部分高达 1.1m 或感知手指的出现等有效措施，使危险降低到最低程度。

封闭式轿门的结构型式与轿壁相似。由于轿厢门常处于频繁的开、关过程中，所以在客梯和医梯轿门的背面常做消声处理，以减少开、关门过程中由于振动所引起的噪声。大多数电梯的轿门背面除做消声处理外，轿门开口处还装有"防撞击人"的装置，这种装置在关门过程中，能防止动力驱动的自动门门扇撞击乘用人员。常用的防撞击人装置有安全触板式、光电式、红外线光幕式等多种形式。

① 安全触板式　安全触板是在自动轿厢门的边沿上，装有活动的在轿门关闭的运行方

向上超前伸出一定距离的安全触板，当超前伸出轿门的触板与乘客或障碍物接触时，通过与安全触板相连的连杆机构使装在轿门上的微动开关动作，立即切断电梯的关门电路并接通开门电路，使轿门立即开启。安全触板碰撞力应不大于 5N。

② 光电式　在轿门水平位置的一侧装设发光头，另一侧装设接收头，当光线被人或物遮挡时，接收头一侧的光电管产生信号电流，经放大后推动继电器工作，切断关门电路，同时接通开门电路。一般在距轿厢地坎高 0.5m 和 1.5m 处两水平位置分别装两对光电装置，光电装置常因尘埃的附着或位置的偏移错位，造成门关不上，为此它经常与安全触板组合使用。

③ 红外线光幕式　在轿门门口处两侧对应安装红外线发射装置和接收装置。发射装置在整个轿门水平发射 40～90 道或更多道红外线，在轿门口处形成一个光幕门。当人或物将光线遮住，门便自动打开。该装置灵敏、可靠、无噪声、控制范围大，是较理想的防撞人装置。但它也会受强光干扰或尘埃附着的影响，产生不灵敏或误动作，因此也经常与安全触板组合使用。

封闭式轿门与轿厢及轿厢踏板的连接方式是轿门上方设置有吊门滚轮，通过吊门滚轮挂在轿门导轨上，门下方装设有门滑块，门滑块的一端插入轿门踏板的长槽内，使门在开、关过程中只能在预定的垂直面上运行。

此外，轿门必须装有轿门闭合验证装置，该装置因电梯的种类、型号不同而异，有的用顺序控制器控制门电机运行和验证轿门闭合位置，有的用凸轮控制器上的限位开关，还有的用装在轿门架上的机械装置和装在主动门上的行程开关来检验轿门的闭合位置。只有轿门关闭到位后，电梯才能正常启动运行。在电梯正常运行中，轿门离开闭合位置时，电梯应立即停止。有些客梯轿厢在开门区内允许轿门开着走平层，但是速度必须小于 0.3m/s，这是电梯具有平层提前开门功能。

4.3　层门

层门也叫厅门。层门和轿门一样，都是为了确保安全而在各层楼的停靠站、通向井道轿厢的入口处，设置供司机、乘用人员和货物等出入的门。

层门应为无孔封闭门。层门主要由门套、层门扇、上坎组件等机件组成。层门的门套、门扇其强度应符合相关国家规范标准要求。中分封闭式层门如图 4-2 所示。旁开左（或右）封闭式层门的结构和传动原理与中分封闭式层门相仿，因篇幅限制不做进一步介绍。

层门关闭后，门扇之间及门扇与门框之间的间隙应尽可能地小。客梯的间隙应小于 6mm，货梯的间隙应小于 8mm。磨损后最大间隙也不应大于 10mm。

由于层门是分隔和连通候梯大厅和井道的设施，所以在层门附近，每层的楼道自然或人工照明应足够亮，以便乘用人员在打开层门进入轿厢时，即使轿厢照明发生故障，也能看清楚前面的区域。如果层门是手动开启的，使用人员在开门前，应能通过面积不小于 $0.01m^2$ 透明视窗或一个"轿厢在此"的发光信号知道轿厢是否在那里。

电梯的每个层门都应装设层门锁闭装置（钩子锁）、证实层门闭合的电气装置、被动门关门位置证实电气开关（副门锁开关）、紧急开锁装置和层门自动关闭装置等安全防护装置。确保电梯正常运行时，应不能打开层门（或多扇门的一扇）。如果一层门或多扇门中的任何一扇门开着，在正常情况下，应不能启动电梯或保持电梯继续运行。这些措施都是为了防止坠落和剪切事故的发生。

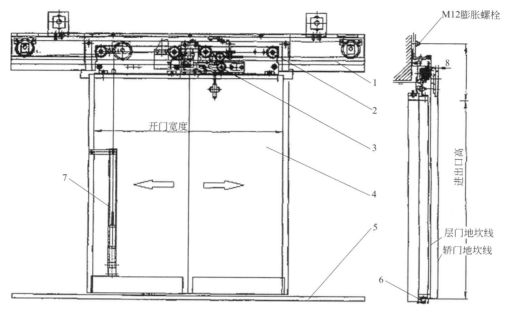

图 4-2　中分封闭式层门

1—调节导轨；2—门滑轮；3—门锁；4—门扇；5—地坎；6—门滑块；7—强迫关门装置

4.4　开、关门机构

电梯轿、层门的开启和关闭，通常有手动和自动两种开关门方式。

在电机驱动下，通过减速机构或调速装置，带动轿门自动开启或关闭；使门刀带动层门滚轮打开门锁，使层门一起开启或关闭；但层门关闭时，依靠层门自闭力而随轿门一起关闭。

4.4.1　手动开、关门机构

电梯产品中采用手动开、关门的情况已经很少，但在个别货梯中还有采用的。采用手动开、关门的电梯，是依靠分别装设在轿门和轿顶、层门和层门框上的拉杆门锁装置来实现的。

拉杆门锁装置由装在轿顶（门框）或层门框上的锁和装在轿门或层门上的拉杆两部分构成。门关妥时，拉杆的顶端插入锁的孔里，由于拉杆压簧的作用，在正常情况下拉杆不会自动脱开锁，而且轿门外和层门外的人员用手也扒不开层门和轿门。开门时，司机手拉动拉杆，拉杆压缩弹簧使拉杆的顶端脱离锁孔，再用手将门往开门方向推，便能实现手动开门。

由于轿门和层门之间没有机械方面的联动关系，所以开或关门时，司机必须先开轿门后再开层门，或者先关层门后再关轿门。

采用手动门的电梯，必须是由专职司机控制的电梯。开、关门时，司机必须用手依次关闭或打开轿门和层门，所以司机的劳动强度很大，而且电梯的开门尺寸越大，劳动强度就越大。随着科学技术的发展，采用手动开、关门的电梯已被自动开、关门电梯所代替。常用的拉杆门锁装置如图 4-3 所示。

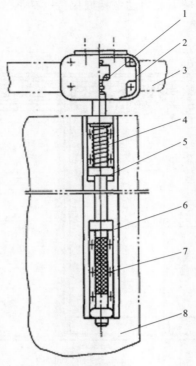

图 4-3　拉杆门锁装置

1—电联锁开关；2—锁壳；3—吊门导轨；4—复位弹簧；5，6—拉杆固定架；7—拉杆；8—门扇

4.4.2　自动开关门机构

电梯开关门系统的好坏直接影响电梯的运行可靠性。开关门系统是电梯故障的高发区，提高开关门系统的质量是电梯从业人员的重要目标之一。近年来常见的自动开关门机构有直流调压调速驱动及连杆传动、交流调频调速驱动及同步齿形带传动和永磁同步电机驱动及同步齿形带传动等三种。

① 直流调压调速驱动及连杆传动开关门机构　在我国这种开关门机构自 20 世纪 60 年代末至今仍广泛采用，按开门方式又分有中分和双折式两种。常见的中分连杆传动自动开关门机构如图 4-4 所示。由于直流电动机调压调速性能好、换向简单方便等特点，一般通过带轮减速及连杆机构传动实现自动开、关门。

② 交流调频调速驱动及同步齿形带传动开关门机构　这种开关门机构利用交流调频调压调速技术对交流电机进行调速，利用同步齿形带进行直接传动，省去了复杂笨重的连杆机构，降低了开关门机构功率，提高了开关门机构传动精确度和运行可靠性等，是一种比较先进的开关门机构，其外形结构示意图如图 4-5 所示。

③ 永磁同步电机驱动及同步齿形带传动开关门机构　这种开关门机构使用永磁同步电机直接驱动开关门机构，同时使用同步齿形带直接传动，不但保留变频同步开关门机构的低功率、高效率的特点，而且大大地减小了开关门机构的体积，特别适用于无机房电梯的小型化要求。

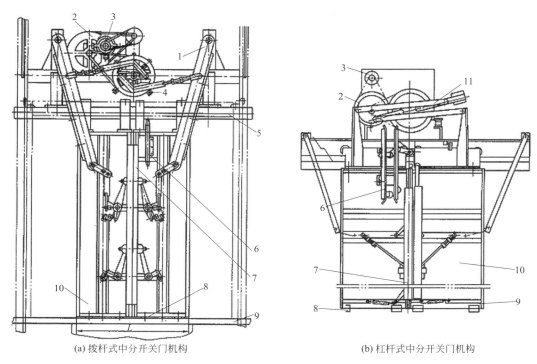

(a) 拨杆式中分开关门机构　　　　　　　(b) 杠杆式中分开关门机构

图 4-4　直流调压调速驱动及连杆传动开关门机构

1—拨杆；2—减速带轮；3—开关门电机；4—开关门调速开关；5—吊门导轨；

6—门刀；7—安全触板；8—门滑块；9—轿门踏板；10—轿门；11—杠杆

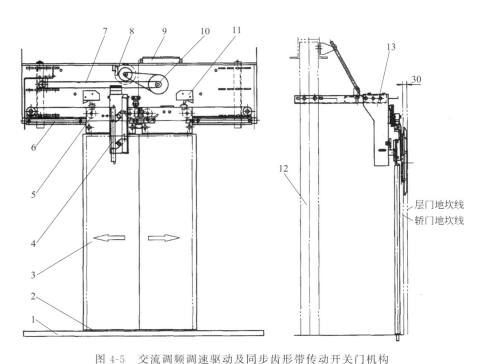

图 4-5　交流调频调速驱动及同步齿形带传动开关门机构

1—轿门地坎；2—轿门滑块；3—轿门扇；4—门刀；5—轿门吊门滚轮；6—吊门导轨；7—齿形同步带；

8—光电测速装置；9—交频门机控制箱；10—门电机；11—门位置开关；12—轿厢侧梁；13—开门机机架

4.5 层门锁闭装置

层门锁闭装置一般位于层门内侧，是确保层门不被随便打开的重要安全保护设施。层门关闭后，将层门锁紧，同时接通门联锁电路，此时电梯方能启动运行。当电梯运行过程中所有层门都被门锁锁住，一般人员无法将层门撬开。只有电梯进入开锁区并停站时，层门才能被安装在轿门上的刀片带动而开启。在紧急情况下或需进入井道检修时，只有经过专门训练的专业人员方能用特制的三角钥匙从层门外打开层门。

层门锁闭装置分为手动开、关门的拉杆门锁和自动开、关门的钩子锁（也称自动门锁）两种。自动门锁只装在层门上，又称层门门锁。它的结构型式较多，按 GB 7588—2003 的要求，层门门锁不能出现重力开锁，也就是当保持门锁销紧的弹簧（或永久磁铁）失效时，其重力也不应导致开锁。常见自动门锁的外形结构如图 4-6 所示。

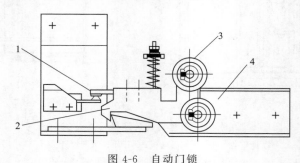

图 4-6   自动门锁

1—门电联锁接点；2—锁钩；3—锁轮；4—锁底板

门锁的机电联锁开关，是证实层门闭合的电气装置，该开关应是安全触点式的，当两电气触点刚接通时，锁紧元件之间啮合深度至少为 7mm，否则应调整。

如果滑动门是数个间接机械连接（如钢丝绳、皮带或链条）的门扇组成，且门锁只锁紧其中的一扇门，用这扇单一锁紧门来防止其他门扇的打开，而且这些门扇均未装设手柄或金属钩装置时，未被直接锁住的其他门扇的闭合位置也应装一个电气安全触点开关来证实其闭合状态。这个无门锁扇上的装置称副门锁开关。当门扇传动机构出现故障时（如传动钢丝绳脱落等），造成门扇关不到位，副门锁开关不闭合，电梯也不能启动和运行，起到安全保护作用。

4.6 紧急开锁装置和层门自闭装置

4.6.1 紧急开锁装置

紧急开锁装置是供经过培训许可的专职人员在紧急情况下，需要进入电梯井道进行急救抢修或进行日常检修维护保养工作时，从层门外用与如图 4-7 所示的开锁三角孔相配的三角钥匙开启层门的机件。这种机件每层层门都应该设置，并且均应能用相应的三角钥匙有效打开，而且在紧急开锁之后，锁闭装置当层门闭合时，不应保持开锁位置。这种三角钥匙只能由一个持有特种设备操作证人持有，钥匙应带有书面说明，详细讲述使用方法，以防止开锁后因未能有效重新锁上而可能引起事故。实践证明，三角钥匙由专人负责并掌握正确的使用方法，了解使用安全知识是非常重要的。因不了解三角钥匙的安全使用方法，操作不当而坠入井道的人身伤害事故时有发生。所以，提高有关人员的安全知识，制定相应的管理制度，严格管理好三角钥匙等是非常重要的。

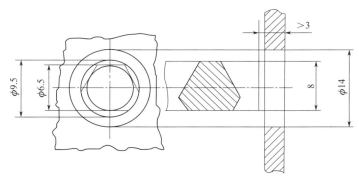

图 4-7　开锁三角孔

我国目前制造的电梯和在用电梯（包括进口电梯）的层门紧急开锁装置，其钥匙的形状和尺寸尚未统一的问题有待解决。

4.6.2　层门自闭装置

在轿门驱动层门的情况下，当轿厢离开开锁区时，层门无论因任何原因而开启，层门上应有一套机构使层门能迅速自动关闭，防止坠落事故发生。这套机构称为层门自闭装置。

层门自闭装置常用的有压簧式、拉簧式和重锤式三种，如图 4-8 所示。重锤式是依靠挂在层门内侧面的重锤，在层门开启状态下靠自身的重量，将层门关闭并紧锁的装置。

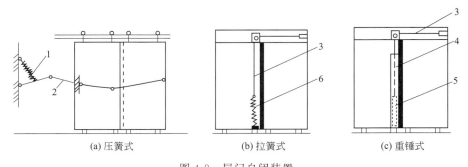

(a)压簧式　　　　　　(b)拉簧式　　　　　　(c)重锤式

图 4-8　层门自闭装置

1—压簧；2—连杆；3—钢丝绳；4—导管；5—重锤；6—拉簧

拉簧式是靠层门打开时，弹簧被强行拉伸，在无开门刀或其他阻止力的情况下，靠弹簧收缩力将层门迅速关闭的装置。压簧式与拉簧式的原理相似。

【思考题】

4-1　简述电梯轿厢的基本结构。

4-2　简述电梯轿门的基本结构。

4-3　简述电梯轿底式超载装置的组成。

4-4　简述电梯层门的基本结构。

4-5　简述开门机的基本工作原理。

4-6　简述电梯的自动门锁结构及要求。

4-7　简述紧急开锁装置工作时注意事项。

4-8　简述层门自闭装置的动作原理。

模块五 重量平衡系统

【知识目标】

① 重量平衡系统。由对重装置和重量补偿装置两部分组成。

② 对重的重量值，必须严格按照电梯额定载重量的要求配置。

③ 补偿装置。当电梯曳引高度超过30m时，曳引钢丝绳的自重会影响电梯运行的稳定性及平衡状态，需要增设补偿装置。

【能力目标】

① 掌握电梯对重装置的构成与作用。

② 了解电梯的补偿装置。

【知识链接】

5.1 重量平衡系统概述

5.1.1 重量平衡系统的功能、组成及作用

（1）功能

使对重与轿厢能达到相对平衡。在电梯工作中能使轿厢与对重间的重量差保持在某一个限额之内，保证电梯的曳引传动平稳、正常。

（2）组成

由对重装置和重量补偿装置两部分组成。

（3）重量平衡系统的作用

由对重装置和重量补偿装置两部分组成的平衡系统的示意图如图5-1所示。其中的对重装置起到相对平衡轿厢重量的作用，它与轿厢相对悬挂在曳引绳的另一端。

（4）补偿装置的作用

当电梯运行的高度超过30m时，由于曳引钢丝绳和控制电缆的自重作用，使得曳引轮的曳引力和电动机

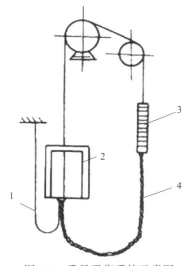

图 5-1　重量平衡系统示意图

1—电缆；2—轿厢；3—对重；4—补偿装置

的负载发生变化，补偿装置可弥补轿厢两边重量不平衡，这就保证了轿厢侧与对重侧的重量比在电梯运行过程中不变。

5.1.2　重量平衡系统的平衡情况分析

（1）对重装置的平衡分析

对重又称平衡重。对重相对于轿厢悬挂在曳引绳的另一侧，起到相对平衡轿厢的作用。因为轿厢的载重量是变化的，因此不可能使两侧的重量随时相等而处于完全平衡状态。一般情况下，只有轿厢的载重量达到 50% 的额定载重量时，对重一侧和轿厢一侧才完全处于平衡状态，这时的载重量称为电梯的平衡点。这时，由于曳引绳两端的静荷重相等，因而电梯处于最佳工作状态。但是在电梯运行中，大多数情况下曳引绳两端的荷重是不相等的，因此对重只能起到相对平衡的作用。

（2）补偿装置的平衡分析

在电梯运行过程中，对重的相对平衡作用在电梯升降过程中在不断地变化。当轿厢位于底层时，曳引绳本身存在的重量大部分集中在轿厢侧；相反，当轿厢位于顶层时，曳引绳的自身重量大部分作用在对重侧，还有电梯控制电缆的自重，也都使轿厢和对重两侧的平衡发生变化，也就是轿厢一侧的重量 Q 与对重一侧的重量 W 的比例 Q/W 在电梯运行过程中是变化的。尤其是当电梯的提升高度超过 30m 时，这两侧的平衡变化就更大，因而必须增设平衡补偿装置来减弱其变化。

平衡补偿装置悬挂在轿厢和对重的底面（如补偿链条，图 5-1），在电梯升降时，其长度的变化正好与曳引绳长度变化相反，当轿厢位于最高层时，曳引绳大部分位于对重侧，而补偿链（绳）大部分位于轿厢侧；而当轿厢位于最低层时，情况与位于最高层时正好相反，这样，就对轿厢的一侧和对重的一侧起到了平衡的补偿作用，保证了轿厢和对重的相对平衡。

5.2　对重及平衡系数

5.2.1　对重的作用

① 对重可以平衡（相对平衡）轿厢的重量和部分电梯负载重量，减少电机功率的损耗。当电梯的负载与电梯十分匹配时．还可以减小钢丝绳与绳轮之间的曳引力，延长钢丝绳的使用寿命。

② 由于曳引式电梯有对重装置，轿厢或对重撞到缓冲器后，电梯失去曳引条件．避免了冲顶事故的发生。

③ 曳引式电梯由于设置了对重，使电梯的提升高度不像强制式驱动电梯那样受到卷筒的限制，因而提升高度也大大增加。

5.2.2　对重的重量计算

对重的总重量计算公式为：

$$G = W + K_{\text{平}}Q$$

式中　　G——对重总重量，kg；

　　　　W——轿厢自重，kg；

　　　　$K_平$——平衡系数，0.4～0.5；

　　　　Q——电梯额定载重量，kg。

对经常使用的电梯平衡系数应取下限，而经常处于重载工况的电梯则取上限。对于负载较小，额定负载不超过 630kg 的小型电梯，即使超载一名乘客或一包货物，不平衡率也显得很大，也有可能会引起撞顶事故，因此，这类电梯的平衡系数可以取 $K_平$ 大于 0.5 的值。$K_平$ 大于 0.5 时，也称为超平衡点。

在卷扬驱动和液压驱动的电梯上，也可加辅助对重来平衡轿厢的部分自重，但一般应慎重使用。

对重由对重架、对重块、导靴、缓冲器撞头组成（图 5-2）。对重架通常用槽钢作为主体结构，其高度一般不宜超出轿厢高度。

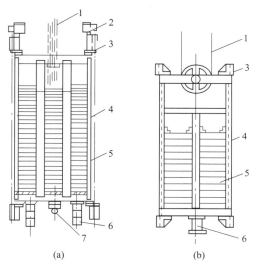

图 5-2　对重装置

1—曳引钢丝绳；2—润滑器；3—导靴；4—对重架；5—对重块；6—缓冲器撞头；7—补偿绳悬挂装置

对重块可由铸铁制作或钢筋混凝土填充。为了使对重易于装卸，每个对重块不宜超过 60kg。有的对重架制成双栏结构，如图 5-2（b）所示，以减小对重块的尺寸。对重块要可靠固定，具有能快速识别对重数量的措施。

当曳引钢丝绳绕绳比大于 1 时，对重架上设有滑轮。此时应设置一种装置，以避免悬挂绳松弛时脱离绳槽，并能防止绳与绳槽之间进入杂物。在底坑下存在人能达到的空间时，对重上还应设置安全钳。缓冲撞头设置在对重架下框上，可做成多节可拆式，这样当曳引绳使用一段时间后伸长一定值时，可取下一节撞头，再伸长一定值时，再取下一节，这样可避免电梯经常装接曳引绳端，给维修人员带来方便。

5.2.3　平衡系数

曳引驱动的曳引力是由轿厢和对重的重力共同通过钢丝绳作用于曳引轮绳槽而产生的。对重是曳引绳与曳引轮绳槽产生摩擦力的必要条件，也是构成曳引驱动的不可缺少的条件。

　　曳引驱动的理想状态是对重侧与轿厢侧的重量相等，此时曳引轮两侧钢丝绳的张力 $T_1 = T_2$，若不考虑钢丝绳重量的变化，曳引机只要克服各种摩擦阻力就能轻松地运行。但实际上轿厢侧的重量是个变量，随着载荷的变化而变化，固定的对重不可能在各种载荷情况下都完全平衡轿厢侧的重量，因此对重只能取中间值，按标准规定取平衡 0.4～0.5 的额定载荷，故对重侧的总重量应等于轿厢自重加上 0.4～0.5 倍的额定载重量。此 0.4～0.5 即为平衡系数。若以 K 表示平衡系数，则 $K = 0.4 \sim 0.5$。

　　当 $K = 0.5$ 时，电梯在半载的情况下其负载转矩将近似为零，电梯处于最佳运行状态。电梯在空载和满载时，其负载转矩绝对值相等而方向相反。

　　在采用对重装置平衡后，电梯负载从零（空载）至额定值（满载）之间变化时，反映在曳引轮上的转矩变化只有 $\pm 50\%$，减轻了曳引机的负担，减少了能量消耗。

　　平衡系数测量方法：在轿厢以额定载重量的 30%、40%、45%、50%、60% 时上、下运行，当轿厢与对重运行到同一位置时，交流电动机仅测量电流，直流电动机测量电流并同时测量电压。绘制电流（或电压）—负载曲线，以向上、向下运行曲线的交点来确定平衡系数。

5.3　补偿装置

　　电梯在运行中，轿厢侧和对重侧的钢丝绳以及轿厢下的随行电缆的长度在不断变化。如 60m 高建筑物内使用的电梯，用 6 根 ϕ13mm 钢丝绳，总重量约为 360kg。随着轿厢和对重位置的变化，这个总重量将轮流地分配到曳引轮两侧。为了减小电梯传动中曳引轮所承受的载荷差，提高电梯的曳引性能，宜采用补偿装置。

5.3.1　补偿链

　　补偿链以链为主体，如图 5-3 所示，悬挂在轿厢和对重下面。为了减小链节之间由于摩擦及磕碰而产生的噪声，常在铁链中穿旗绳或麻绳。这种装置没有导向轮，结构简单。若布置或安装不当，补偿链容易碰到井道内的其他部件。补偿链常用于速度低于 1.6m/s 的电梯。

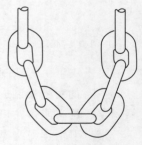

5.3.2　补偿绳

　　补偿绳以钢丝绳为主体，如图 5-4 所示。底坑中设有导向装置，运行平稳，可适用于速度在 1.6m/s 以上的电梯。

图 5-3　补偿链

5.3.3　补偿缆

　　补偿缆是最近几年发展起来的新型的、高密度的补偿装置，如图 5-5 所示。补偿缆的中间有低碳钢制成的环链，中间填塞物为金属颗粒以及聚乙烯与氯化物的混合物，形成圆形保护层，缆套采用具有防火、防氧化的聚乙烯护套。这种补偿缆质量密度高，最重的每米可达 6kg，最大悬挂长度可达 200m，且运行噪声小，适用于各类高速电梯。

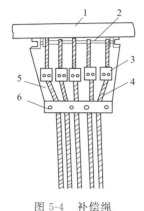

图 5-4 补偿绳
1—底梁；2—挂绳架；3—绳卡；
4—钢丝绳；5—钢丝；6—定位卡板

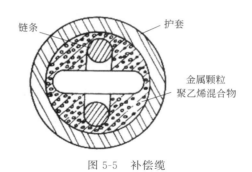

图 5-5 补偿缆

链条 护套 金属颗粒 聚乙烯混合物

安装补偿链或补偿缆可采用图 5-6 所示的方法，轿厢底下采用 S 形悬钩及 U 形螺栓连接固定。采用此种连接固定方式又称之为第二道防护措施。

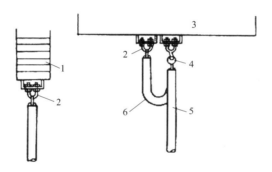

图 5-6 补偿缆的悬挂
1—对重；2—U 形螺栓；3—轿厢；4—S 形悬钩；5—补偿缆；6—安全回环

为了防止平衡补偿装置在电梯运行过程中的漂移，电梯井道底坑中需设置张紧装置及导向轮等。对于高速电梯中的平衡补偿装置的张紧装置，尚需配置防跳装置。

【思考题】

5-1 电梯的重量平衡系统由哪几部分组成？其作用是什么？

5-2 简述对重装置的结构及作用。

5-3 如何计算对重的重量？其平衡系数如何选取？

5-4 补偿装置的形式有哪些？它们各自的特点是什么？

5-5 何为电梯的平衡系数？它对于电梯的运行有何影响？

模块六　导向系统

【知识目标】

① 电梯的导向系统。它包括轿厢导向系统和对重导向系统两种。

② 电梯的导轨及其附件，应能保证轿厢与对重（平衡重）间的导向，并将导轨的变形限制在一定的范围内。

③ 电梯的导靴，分别安装在轿架和对重架上。

【能力目标】

① 了解电梯导向系统。

② 认识电梯的导轨、导轨架和导靴。

【知识链接】

6.1　导向系统概述

6.1.1　导向系统的组成

不论是轿厢导向还是对重导向，均由导轨、导靴和导轨架组成（图 6-1、图 6-2）。

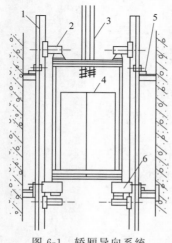

图 6-1　轿厢导向系统

1—导轨；2—导靴；3—曳引绳；4—轿厢；5—导轨架；6—安全钳

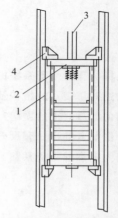

图 6-2　对重导向系统

1—导轨；2—对重；3—曳引绳；4—导靴

轿厢的两根导轨和对重的两根导轨限定了轿厢与对重在井道中的相互位置；导轨架作为导轨的支撑件，被固定在井道壁；导靴安装在轿厢和对重架的两侧（轿厢和对重各装有 4 个导靴），导靴里的靴衬（或滚轮）与导轨工作面配合，使一部电梯在曳引绳的牵引下，一边为轿厢，另一边为对重，分别沿着各自的导轨做上、下运行。

6.1.2 导向系统的功能

导向系统的功能是限制轿厢和对重活动的自由度，使轿厢和对重只沿着各自的导轨做升降运动，两者在运行中平稳，不会偏摆，如图 6-3 所示。

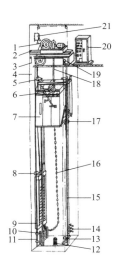

图 6-3 电梯总体的导向系统和重量平衡系统

1—曳引机；2—承重梁；3—导向轮；4—曳引绳；5—轿厢导靴；6—开门机；7—轿厢；8—对重导靴；9—对重装置；10—防护栏；11—对重导轨；12—缓冲器；13—限速器张紧；14—限位开关；15—轿厢导轨；16—补偿链；17—安全钳嘴；18—曳引绳；19—限速器；20—控制柜；21—限位开关

有了导向系统，轿厢只能沿着在轿厢左右两侧竖直方向的导轨上下运行。

6.1.3 导向系统和重量平衡系统

导向系统使轿厢和对重顺利地沿着各自的导轨平稳地上下运动，轿厢和对重通过曳引钢丝绳分别挂在曳引机的两侧，这样两边就形成了平衡体，起到了相对的重量平衡作用。

另外，连接轿厢和对重的曳引钢丝绳，在楼层较高时，钢丝绳就长，自身的重量增多，因此又通过连接在轿厢底和对重底的补偿链（见图 5-3 中的补偿链）起到两边重量平衡的补偿作用。这样，导向系统配合了重量平衡系统，从而保证了电梯曳引传动的正常及运行的平稳可靠。

综上所述，导向系统的主体构件是导轨和导靴，重量平衡系统的主体构件是对重和补偿装置。

6.2 导轨

导轨对电梯的升降运动起导向作用，它限制轿厢和对重在水平方向的移动，保证轿厢与对重在井道中的相互位置，并防止由于轿厢偏载而产生倾斜。当安全钳动作时，导轨作为被夹持的支撑件，支撑轿厢或对重。

每台电梯均具有用于轿厢和对重装置两侧的至少 4 列导轨。导轨是确保电梯轿厢和对重装置在预定位置做上下垂直运行的重要机件。导轨加工生产和安装质量的好坏，直接影响着电梯的运行效果和乘坐舒适感。近年来国内电梯产品使用的导轨分 T 形导轨和空心导轨两种，其横截面形状如图 6-4 所示。

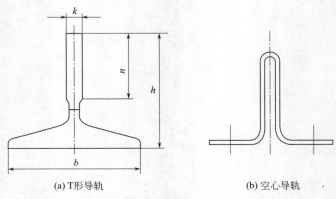

(a) T形导轨　　　　　　　　　　　(b) 空心导轨

图 6-4　导轨结构截面图

由于导轨是电梯引导系统的重要机件，20 世纪 80 年代中期后，随着我国电梯工业的发展，导轨用量日益增多，导轨的品种规格也发展较快，其中 T 形导轨已由原有的两种发展到十几种，而且用空心导轨取代角钢导轨，并且空心导轨也有几种规格可供选用。

为了规范导轨的制造加工行为，确保导轨质量，国家标准 GB/T 22562—2008 对导轨的几何形状、主要参数尺寸、加工方法、形位公差、检验规则等都做了明确规定。T 形导轨是目前我国电梯中使用得最多的导轨，表 6-1 是我国 T 形导轨的主要规格参数。

表 6-1　标准 T 形导轨规格　　　　　　　　　　　　　　　　　mm

规格标志	导轨底端宽度 b	导轨高度 h	导轨工作面宽度 k
T45/A	45	45	5
T50/A	50	50	5
T70-1/A	70	65	9
T70-2/A	70	70	8
T75-1/A	75	55	9
T75-2/A(B)	75	62	10
T82/A(B)	82.5	68.25	9
T89/A(B)	89	62	15.88

规格标志	导轨底端宽度 b	导轨高度 h	导轨工作面宽度 k
T90/A(B)	90	75	16
T125/A(B)	125	82	16
T127-1/B	127	88.9	15.88
T127-2/A(B)	127	88.9	15.88

注：A—冷拉导轨；B—机加工导轨。

　　每根导轨的长度一般为 3～5m。对导轨进行连接时不允许采用焊接或用螺栓连接，而是将导轨接头处的两个端面分别加工成凹凸样槽，互相对接好，背后再附设一根加工过的连接板（长约 250mm，厚为 10mm 以上，宽与导轨相适应），每根导轨至少用 4 个螺栓与连接板固定。

　　导轨在井道底坑的稳固方式和导轨接头的连接方式一般如图 6-5 所示。

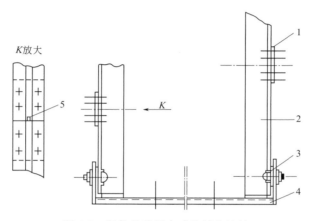

图 6-5　导轨的稳固方式和接头连接

1—连接板；2—导轨；3—压导板；4—底坑槽钢；5—接槽

6.3　导轨支架

　　导轨支架是固定导轨的机件，按电梯安装平面布置图的要求，固定在电梯井道内的墙壁上。每根导轨上至少应设置两个导轨支架，各导轨架之间的间隔距离应不大于 2.5m。

　　导轨支架在井道墙壁上的固定方式有埋入式、焊接式、预埋螺栓固定式、涨管螺栓固定式和对穿螺栓固定式五种。固定导轨用的导轨架应用金属制作，不但有足够的强度，而且可以针对电梯井道建筑误差进行弥补性的调整。较常见的轿厢导轨用可调支架，如图 6-6 所示。常见的对重导轨支架如图 6-7 所示。

　　导轨和导轨架与电梯井道建筑之间的固定，应具有自动或调节简便的功能，以利于解决由于建筑物正常沉降、混凝土收缩以及建筑偏差等问题。一般采用压道板把导轨固定在导轨支架上，如图 6-8 所示。两压道板与导轨之间为点接触，使导轨能够在混凝土收缩或建筑沉降时比较容易地在压道板之间滑动。

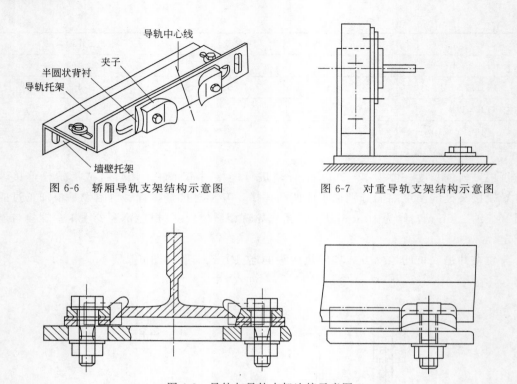

图 6-6 轿厢导轨支架结构示意图　　　　图 6-7 对重导轨支架结构示意图

图 6-8 导轨与导轨支架连接示意图

　　导轨及其附件应能保证轿厢与对重（平衡重）间的导向，并将导轨的变形限制在一定的范围内。不应出现由于导轨变形过大导致门的意外开锁、安全装置动作及移动部件与其他部件碰撞等隐患，确保电梯安全运行。

6.4　导靴

　　导靴安装在轿架和对重架上，分为轿厢导靴和对重导靴两种。它是确保轿厢和对重沿着导轨上下运行的装置，也是保持轿门地坎、层门地坎、井道壁及操作系统各部件之间的恒定位置关系的装置。电梯产品中常用的导靴按其在导轨工作面上的运动方式分为滑动导靴和滚轮导靴两种。

6.4.1　滑动导靴

　　滑动导靴有刚性滑动导靴和弹性滑动导靴两种。这种导靴应注意解决好润滑问题。刚性滑动导靴的结构比较简单，被作为额定载重量 3000kg 以上、运行速度 $v<0.63\text{m/s}$ 的轿厢和对重导靴。这种导靴以前多用一块铸铁经刨削加工而成，如图 6-9（a）所示。在实际应用中，还常用尼龙做刚性导靴靴衬，这种导靴常被作为额定载重量在 3000kg 以下、运行速度 $v<0.63\text{m/s}$ 的客梯、医梯、货梯等的对重导靴。这种导靴的结构如图 6-9（b）所示。近年来则多用 4～8mm 的中钢板冲压成型，并在滑动工作面包有消声耐磨的塑料导靴所取代。

　　额定载重量在 2000kg 以下、$1.0\text{m/s}\leqslant v<2.0\text{m/s}$ 的轿厢和对重导靴，多采用性能比较好的弹性滑动导靴。这种导靴的外形结构如图 6-10 所示。

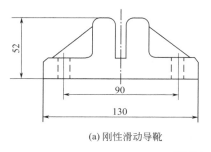

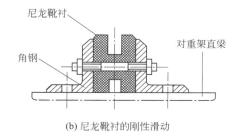

(a) 刚性滑动导靴　　　　　　　　　(b) 尼龙靴衬的刚性滑动

图 6-9　刚性滑动导靴

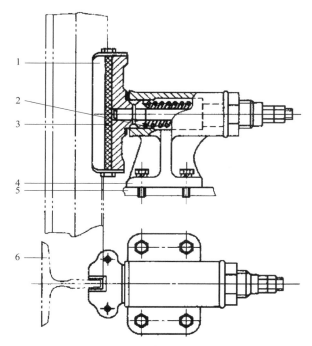

图 6-10　弹性滑动导靴

1—靴头；2—弹簧；3—尼龙靴衬；4—靴座；5—桥架或对重架；6—导轨

为了提高电梯的乘坐舒适感，减少运行过程的噪声，没有设尼龙靴衬的刚性导靴与导轨接触面处应有比较高的加工精度，并定期涂抹适量的黄油，以提高其润滑能力。采用弹性滑动导靴的轿厢和对重装置，常在导靴上设置导轨加油盒，通过油捻在电梯上、下运行过程中给导轨工作面涂适量的润滑油。

6.4.2　滚动导靴

刚性滑动导靴和弹性滑动导靴的靴衬无论是铜的还是尼龙的，在电梯运行过程中，靴衬与导轨之间总有摩擦力存在。这个摩擦力不但增加曳引机的负荷，而且是轿厢运行时引起振动和噪声的原因之一。为减小导轨与导靴之间的摩擦力，节省能量，提高乘坐舒适感，在运行速度 $v > 2.0\text{m/s}$ 的高速电梯中，常采用滚动导靴（图 6-11）取代弹性滑动导靴。

滚动导靴主要由两个侧面导轮和一个端面导轮构成，3 个滚轮从 3 个方面卡住导轨，使

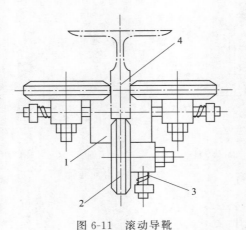

图 6-11　滚动导靴

1—靴座；2—滚轮；3—调节弹簧；4—导轨

轿厢沿着导轨上下运行。当轿厢运行时，3 个滚轮同时滚动，保持轿厢在平衡状态下运行。为了延长滚轮的使用寿命，减小滚轮与导轨工作面之间做滚动摩擦运行时所产生的噪声。滚轮外缘一般由橡胶或聚氨酯材料制作，使用中不需要润滑。

【思考题】

6-1　电梯的导向系统由哪几部分组成？它的功能是什么？

6-2　电梯的导轨起什么作用？有哪些类型？

6-3　导轨支架的架设要求是什么？它的固定方式有哪几种？

6-4　试叙述电梯导靴的作用和结构型式。

6-5　简述导向系统与重量平衡系统的关系。

模块七　安全保护系统

【知识目标】

① 电梯的安全监管控制。

② 电梯的安全保护装置种类。它有机械保护、电气保护和安全防护三大类。

③ 电梯限速装置和安全钳。限速装置和安全钳是防止轿厢或对重装置意外坠落的安全设施之一。

④ 电梯缓冲器。它设在井道底坑的地面上，当由于某种原因轿厢或对重装置超越极限位置发生撞底时，用来吸收或消耗轿厢或对重装置动能的制动装置。

【能力目标】

① 能够对限速器和安全钳进行拆装和简单的检测、调试。

② 认识各种类型的缓冲器，能够对缓冲器进行简单的检测、调试。

③ 能够识别三种终端限位保护装置。

【知识链接】

7.1　安全保护系统概述

电梯作为垂直运行的交通工具，应具有足够的安全措施，否则在运行中，一旦出现超速或者失控，将会带来无法估量的人员伤亡与经济损失。国务院颁布的《特种设备安全监察条例》明确规定了电梯是特种危险设备，从电梯的设计、制造、安装、使用、维修、检验等各个环节，对其进行安全监管控制。因此，电梯不但应该严格按照 GB 7588—2003《电梯制造与安装安全规范》等标准设置齐全的安全保护装置，而且还必须可靠有效。电梯在设计时设置了多种机械安全装置和电气安全装置，这些装置共同构成了电梯安全保护系统。

7.1.1　电梯安全保护系统的组成

电梯安全保护系统中设置的安全保护装置，一般由机械安全装置和电气安全装置两大部分组成。这些装置主要有：

① 超速（失控）保护装置——限速器、安全钳；

② 撞底（与冲顶）保护装置——缓冲器；

③ 终端限位保护装置——强迫减速开关、终端限位开关、极限开关，可达到强迫换速、

切断控制电路、切断动力电源三级保护的目的;

④ 相关电气安全保护装置——能及时切断电源,过载及短路安全保护,相序错相及断相安全保护,层门、轿门闭锁安全保护,防止触电安全保护、门旁路保护等;

⑤ 轿门开门限制装置——轿厢位于开锁区域时,才能从轿厢内打开轿门;

⑥ 轿厢意外移动保护装置——防止在层门未被锁住且轿门未关闭的情况下,由于驱动主机失效等引起轿厢离开层站的意外移动;

⑦ 其他安全保护装置——出入口安全保护装置、消防开关、轿厢顶护栏、安全窗等保护装置。

此外,一些机械安全装置往往需要电气方面的配合和联锁才能完成其动作,并取得可靠的效果。

7.1.2 电梯常发生的事故

(1) 轿厢失控、超速运行

由于电磁制动器失灵,减速器中的蜗轮、蜗杆的轮齿、轴、销、键等折断以及曳引绳在曳引轮严重打滑等情况发生时,正常的制动手段无法使电梯停止运行,轿厢失去控制,造成运行速度超过极限速度,即额定速度的115%。

(2) 终端越位

由于平层控制电路出现故障,轿厢运行到顶层端站或底层端站不停止而继续运行或超出正常的平层位置。

(3) 冲顶或撞底

当上终端限位装置失灵时,造成电梯冲向井道顶部,称为冲顶。当下终端限位装置失灵或电梯失控时,造成电梯轿厢跌落井道底坑,称为撞底。

(4) 不安全运行

在限速器失效、终端越位、层门和轿门不能关闭或关闭不严、超载、电动机断相和错相等状态下运行。

(5) 非正常停止

控制电路出现故障、安全钳误动作或停电等原因,都会造成运行中的电梯突然停止。

(6) 关门障碍

电梯在关门时,受到人或物体的阻碍,使门无法关闭。

7.2 限速器与安全钳

许多人常会提出这样一个疑问,当悬吊电梯轿厢的钢丝绳万一断开时,有什么样的安全装置来保证乘用人员和电梯设备的安全呢?提出这样的疑问并非没有道理,但实际上是不可能发生的。因为悬吊电梯轿厢的钢丝绳,除杂物电梯外,一般都不少于3根,其安全系数均不小于12,所以发生若干根钢丝绳同时断开、造成轿厢坠落下去的事故是绝对不会发生的。但是由于电梯安装人员制作绳头时没有严格按有关标准和规范施工,造成个别曳引绳与锥套脱离的情况可能发生,而由于使用不当或机电系统故障,如超载或制动器等某些机件的毁坏,造成轿厢超过额定速度向下坠落,导致撞底事故发生是可能的。

为了确保乘用人员和电梯设备的安全，限速装置和安全钳就是防止轿厢意外坠落的安全设施之一。限速器能够反映轿厢的实际运行速度，当速度达到极限速度值时（超过允许值）能发出信号及产生机械动作，切断控制电路或迫使安全钳动作。安全钳的作用是当轿厢超速向下运行或出现突然情况，能接受限速器操纵，以机械动作将轿厢强行制停在导轨上。

7.2.1　限速器装置

限速器装置由限速器、钢丝绳、张紧装置三部分构成（图 7-1）。根据电梯安装平面布置图的要求，限速器一般安装在机房内（在无机房电梯中，限速器则安装在井道内）；张紧装置位于井道底坑，用压导板固定在导轨上；钢丝绳把限速器和张紧装置连接起来。

张紧装置由支架、张紧轮和配重组成（图 7-1），位于井道底坑，其作用是使钢丝绳张紧，保证钢丝绳与限速器之间有足够的摩擦力，以准确地反映轿厢的运行速度。张紧轮安装在张紧装置的支架轴上，可以灵活地转动，调整其配重的重量，可以调整钢丝绳的张力。当限速器动作时，要求限速器钢丝绳的张力不得小于以下两个值的较大者，即安全钳起作用时所需力的 2 倍或不小于 300N（GB 7588—2003）。张紧装置可以是悬挂式或悬臂式（图 7-2）。

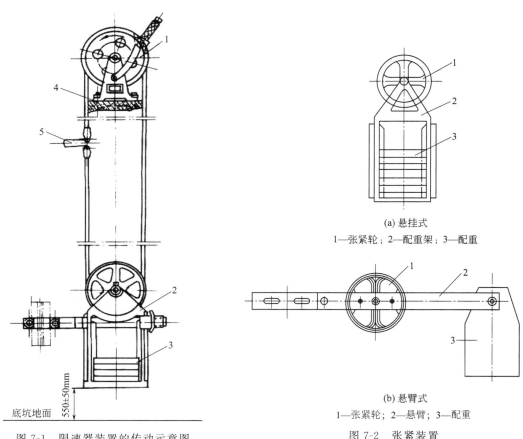

图 7-1　限速器装置的传动示意图
1—限速器；2—张紧轮；3—配重；
4—固定螺钉；5—连接轿厢架

(a) 悬挂式
1—张紧轮；2—配重架；3—配重

(b) 悬臂式
1—张紧轮；2—悬臂；3—配重

图 7-2　张紧装置

限速器按其动作原理可以分为摆锤式和离心式两种。

（1）摆锤式限速器

图 7-3 所示的是下摆杆凸轮棘爪式限速器，其工作原理是：利用绳轮上的凸轮在旋转过程中与摆杆一端的滚轮接触，摆杆摆动的频率与绳轮的转速有关，当摆杆的振动频率超过某一预定值时，摆杆的棘爪进入绳轮的止停爪内，从而使限速器停止运转。图 7-4 是上摆杆凸轮棘爪式限速器，其动作原理与图 7-3 相同，它增加了超速安全开关。超速安全开关是停爪动作之前动作的，先断控制电路，不得已才使机械动作。

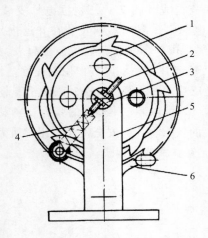

图 7-3 下摆杆凸轮棘爪式限速器
1—制动轮；2—拉簧调节螺钉；3—制动轮轴；
4—调速弹簧；5—支撑座；6—摆杆

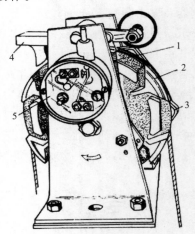

图 7-4 上摆杆凸轮棘爪式限速器
1—调节弹簧；2—制动轮；3—凸轮；
4—摆杆；5—超速开关

（2）离心式限速器

图 7-5 所示为离心式限速器，按其结构型式的不同可分为两类，即甩锤式 [（刚性及弹性，图 7-5（a）、(c)] 和甩球式 [图 7-5（b）]，它们又分别分单向和双向。电梯的实际速度是通过限速器甩锤或甩球的旋转所产生的离心力的大小来体现的。

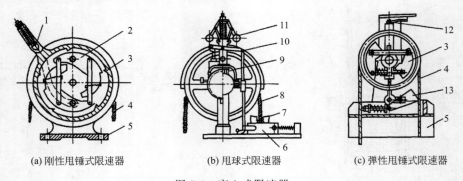

(a) 刚性甩锤式限速器　　　　(b) 甩球式限速器　　　　(c) 弹性甩锤式限速器

图 7-5 离心式限速器
1—压绳舌；2—甩锤；3—锤罩；4，8—钢丝绳；5、6—座；7—卡爪；9—伞形齿轮；
10—连杆；11—甩球；12—电开关；13—夹绳钳

离心式限速器的工作原理包括甩锤式限速器的工作原理和甩球式限速器工作原理两部分。

① 甩锤式限速器的工作原理。刚性甩锤式限速器的甩锤装在限速器绳轮上，电梯运行时，轿厢通过钢丝绳带动限速器绳轮转动起来。轿厢运行速度升高时，甩锤的离心力增大，

运行速度达到额定速度的 115％以上时，甩锤的突出部位挂着锤罩的突出部位，推动绳轮、锤罩、拨叉、压绳舌往前走一个角度后，把钢丝绳卡在绳轮槽和压绳舌之间，使钢丝绳停止移动，从而把安全钳的楔块提起来，于是把轿厢卡在导轨上。

②甩球式限速器工作原理。它设有超速开关。当电梯运行时，通过钢丝绳带动限速器的绳轮运行，绳轮通过伞形齿轮带动甩球转动。随着轿厢速度的增加，甩球的离心力增大。当轿厢运行速度达到超速开关动作时，杠杆系统使开关动作，切断电梯的控制回路。若电梯继续加速行驶，达到其额定速度的 115％时，离心力增大的甩球进一步张开，通过连杆推动卡爪动作，卡爪把钢丝绳卡住，从而引起安全钳动作，把轿厢卡在导轨上。电梯产品中，刚性甩锤式限速器被用在梯速 $v \leqslant 0.63 \mathrm{m/s}$ 的低速电梯上，$v > 1.0 \mathrm{m/s}$ 的电梯和高速电梯可选用甩球式限速器或弹性甩锤式限速器。

无论是哪一类限速器，其主要性能都是相同的，其中限速器的动作速度是其最主要的技术参数。限速器的动作速度与轿厢运行速度的关系，根据 GB 7588—2003 的规定，限速器动作应发生在速度至少等于额定速度的 115％，但应小于下列值：

①对于除了不可脱落滚柱式以外的瞬时式安全钳装置为 0.8 m/s；

②对于不可脱落滚柱式安全钳装置为 1.0 m/s；

③对于额定速度小于或等于 1.0 m/s 的渐进式安全钳装置为 1.5 m/s；

④对于额定速度大于 1.0 m/s 的渐进式安全钳装置为 $1.25v + 0.251v$，应尽量选用接近该值的最大值。

限速器是电梯速度的监控元件，应定期进行动作速度校验，对可调部件调整后应加封记，确保其动作速度在安全规范规定的范围内。

7.2.2　安全钳装置

安全钳装置一般设在轿厢架下的横梁上，通过钢丝绳与限速装置连接在一起，它由两部分组成。

（1）操纵机构

它是一组连杆系统（图 7-6），限速器通过此连杆系统操纵安全钳动作。

（2）制停机构

俗称安全钳（嘴），成对地在导轨上使用，它的作用是使轿厢制停并夹持在导轨上。电梯上所采用的安全钳种类较多，其结构由安全钳座和楔块（偏心块或滚子）构成，与导轨面间的间隙一般为 2～3mm。按其动作过程的不同可分为瞬时式安全钳和滑移式（或渐近式）安全钳两种。

①瞬时式安全钳　瞬时式安全钳常与刚性甩锤式限速器配套使用，其结构如图 7-7 所示。其中拉杆与限速器的钢丝绳相连，在正常情况下，由于拉杆弹簧的张力大于限速器钢丝绳的张力，因而安全钳处于静止状态，楔块与导轨之间保持一个恒定的（2～3mm）间隙。当电梯出现故障时，轿厢迅速下降，从而使限速器动作，带动连杆系统，继而使安全钳的楔块相对上提，将轿厢卡在导轨上。

显然，这种安全钳制停速度快，制停距离短（从限速器卡住钢丝绳，到安全钳的楔块卡住导轨，轿厢距离一般只有几厘米到十几厘米），极易对轿厢及乘载的人或物体产生较大的振动与冲击，同时对导轨的损伤较大，因此不能用于较高速电梯，多用于低速电梯上。

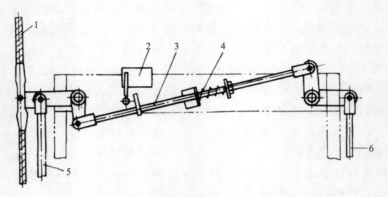

图 7-6　限速器、安全钳的连杆系统

1—限速器钢丝绳；2—安全开关；3—连杆；4—复位弹簧；5，6—提拉杆

② 渐进式安全钳　渐进式安全钳与弹性甩锤式限速器配套使用，其机构如图 7-8 所示。渐进式安全钳的工作原理与瞬时式安全钳大体相同，不同之处在于它装有弹性元件，能使制动力限制在一定范围内，并使轿厢在制停时有一段滑动距离，从而避免了轿厢急停而引起的强烈振动，对导轨也起到一定的保护作用，因此多用于快速、高速电梯上。

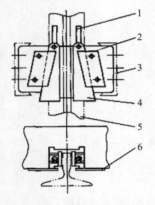

图 7-7　瞬时式安全钳

1—拉杆；2—安全嘴；3—轿架下梁；
4—楔块；5—导轨；6—盖板

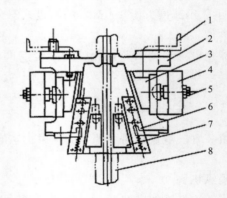

图 7-8　渐进式安全钳

1—轿架下梁；2—壳体；3—塞铁；4—安全箍；
5—调整螺母；6—滚筒器；7—楔块；8—导轨

7.2.3　限速器与安全钳的联动

限速器和安全钳连接在一起联动。限速器是速度反应和操作安全钳的装置，安全钳必须由限速器来操纵，禁止使用由电气、液压或气压装置操纵的安全钳。当电梯运行时，电梯轿厢的上下垂直运动就转化为限速器的旋转运动，当旋转运动的速度超出极限值时，限速器就会切断控制回路，使安全钳动作。其联动原理如图 7-9 所示。

图 7-9 中，限速器绳两端的绳头与安全钳杠杆相连。电梯在正常运行时，轿厢运动通过驱动连杆带动限速器绳和限速器运动，此时安全钳处于非动作状态，其制停元件与导轨之间保持一定的间隙。当轿厢超速达到限定值时，限速器动作，使夹绳钳夹住限速器绳，于是随着轿厢继续向下运动，限速器绳提起驱动连杆，促使连杆系统 6 联动，两侧的提升拉杆被同

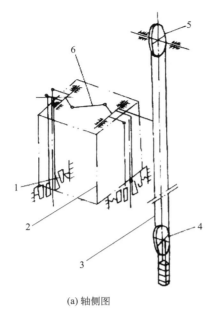
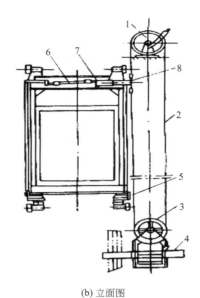

(a) 轴侧图　　　　　　　　　　　　　　　　　　(b) 立面图

1—安全钳；2—轿厢；3—限速器绳；　　　　　1—限速器；2—限速器绳；3—张紧轮；

4—张紧轮；5—限速器；6—连杆系统　　　　　4—限速器断绳开关；5—安全钳；6—连杆系统；

　　　　　　　　　　　　　　　　　　　　　　7—安全钳动作开关；8—限速器绳绳头

图 7-9　限速器与安全钳的联动原理图

时提起，带动安全钳制动楔块与导轨接触，两安全钳同时夹紧在导轨上，使轿厢制停。安全钳动作时，限速器的安全开关和安全钳提升拉杆操纵的安全开关都会断开电路，迫使制动器失电制动。只有当所有安全开关复位，轿厢向上提起时，才能释放安全钳。安全钳不恢复到正常状态，电梯不能重新使用。

　　限速器与安全钳的动作程序分解如图 7-10 所示。

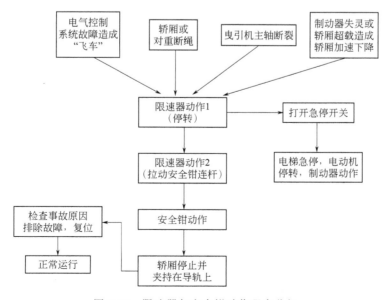

图 7-10　限速器与安全钳动作程序分解

由于电梯速度不同，通过限速器使电梯停止的操作程序也有所不同。根据国家标准 GB 7588—2003《电梯制造与安装安全规范》的规定，当电梯额定速度为 1m/s 或以下时，允许在限速器动作操纵安全钳的同时打开安全急停回路（即限速器动作 1 和动作 2 同时发生）。当电梯额定速度超过 1m/s 时，限速器应首先打开安全急停回路（即动作 1，超速在额定速度的 115％以下）使电梯急停；如果此动作未能使电梯减速并且超速达到规定值时，则限速器直接操纵安全钳（即动作 2），使轿厢夹持在导轨上。

7.2.4 双向限速器、安全钳

将限速器和安全钳设计成双向型（图 7-11、图 7-12），用一台限速器和一套安全钳提拉系统就可以完成对上、下行轿厢的双向限速制停。根据国家标准 GB 7588—2003《电梯制造与安装安全规范》的规定，双向限速器与现有限速器的区别是仅用一台限速器和一套提拉系统就可完成对上、下行轿厢的双向限速制停，既可以防止电梯超速坠落撞底，又可防止电梯超速冲顶，属于把原有下行制动安全系统与新标准增加的上行超速保护装置合二为一的新技术。与欧洲同类产品相比，双向安全钳具有三大优点：对称双楔块渐进式，制动平稳可靠；双向安全钳一体化，上、下行超速双向分别制动；共同用一套限速器及安全钳提拉系统，结构简单，成本低廉。

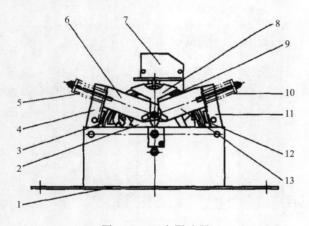
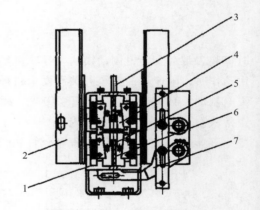

图 7-11 双向限速器

图 7-12 双向安全钳结构示意图

1—底板；2—制动棘轮；3—上向压块；4—上向压杆；5—上向压紧弹簧；6—上向触杆；7—双向电气开关；8—双向开关拨架；9—绳轮；10—下向压紧弹簧；11—下向压杆；12—下向压块；13—下向触杆

1—安全钳壳体；2—轿厢侧梁；3—下向安全钳拉杆；4—下向锲块；5—上向楔块；6—上向拉杆；7—上向安全钳拉杆

7.3 缓冲器

缓冲器是电梯极限位置的最后一道安全装置，设在井道底坑的地面上。在轿厢和对重装置下方的井道底坑地面上均设有缓冲器。在轿厢下方，对应轿架下梁缓冲板的缓冲器称轿厢缓冲器。在对重架下方，对应对重架缓冲板的缓冲器称为对重缓冲器。同一台电梯的轿厢和对重缓冲器其结构规格是相同的。

若由于某种原因，当轿厢或对重装置超越极限位置，发生撞底冲击缓冲器时，缓冲器将吸收或消耗电梯的能量，从而使轿厢或对重安全减速直至停止。所以缓冲器是一种用来吸收或消耗轿厢或对重装置动能的制动装置。

电梯用缓冲器有两种主要形式：蓄能型缓冲器和耗能型缓冲器。常见的缓冲器有弹簧缓冲器、液压缓冲器和聚氨酯缓冲器三种。

7.3.1 弹簧缓冲器

弹簧缓冲器也称蓄能型缓冲器，由缓冲橡胶、缓冲座、压缩弹簧和缓冲弹簧座等组成，其结构如图 7-13 所示。由于弹簧缓冲器受到撞击后需要释放弹性形变能，产生反弹，造成缓冲不平衡，因此只适用于额定速度 1m/s 以下的低速电梯。

7.3.2 液压缓冲器

液压缓冲器也称耗能型缓冲器，其组成部分主要有缓冲垫、复位弹簧、柱塞、环形节流孔、变量棒及缸体等。其结构如图 7-14 所示。

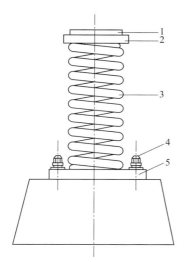

图 7-13 弹簧缓冲器的结构

1—缓冲橡皮；2—缓冲座；3—缓冲弹簧；

4—地脚螺栓；5—缓冲弹簧座

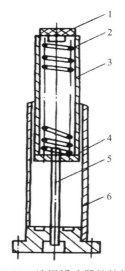

图 7-14 液压缓冲器的结构

1—缓冲垫；2—复位弹簧；3—柱塞；

4—环形节流孔；5—变量棒；6—缸体

液压缓冲器是以油作为介质来吸收轿厢或对重装置动能的缓冲器。这种缓冲器比弹簧缓冲器复杂得多，在它的液压缸内有液压油。当柱塞受压时，由于液压缸内的油压增大，使油通过油孔立柱、油孔座和油嘴向柱塞喷流。在油因受压而产生流动和通过油嘴向柱塞喷流过程中的阻力，缓冲了柱塞上的压力，起缓冲作用，是一种耗能式缓冲器。由于液压缓冲器的缓冲过程是缓慢、连续而且均匀的，因此效果比较好。当柱塞完成一次缓冲行程后，由于柱塞弹簧的作用使柱塞复位，以备接受新的缓冲任务。

这种耗能式缓冲器动作之后，柱塞应在 120s 内恢复到全伸长位置，但由于复位弹簧或柱塞发生故障，不能按时恢复到位，或不能回到原来位置，那么下次缓冲器动作时就起不到缓冲作用。为了保证缓冲器柱塞处于全伸长位置，应装设缓冲复位开关以检查缓冲器的正常复位。$v > 1.0m/s$ 的电梯一般采用液压缓冲器。

7.3.3　聚氨酯缓冲器

聚氨酯缓冲器（图 7-15）是一种蓄能型缓冲器，是新型缓冲器，具有体积小、重量轻、软碰撞、无噪声、防水、耐油、安装方便、易保养、好维护、可减小底坑深度等特点，近年来开始在低速电梯中应用，但是多年后容易老化。

图 7-15　聚氨酯缓冲器

7.4　终端限位保护装置

终端限位保护装置是防止电气失灵时造成轿厢撞底或冲顶的一种安全装置。

终端限位保护装置包括强迫减速开关、终端限位开关、终端极限开关以及相应的碰板、碰轮及联动机构。

7.4.1　强迫减速开关

强迫减速开关是防止电梯失控造成冲顶或撞底的第一道防线，由上强迫减速开关和下强迫减速开关两个限位开关组成，分别安装在井道的顶端、底端等部位。当电梯失控造成轿厢超越顶层或底层 50mm 而又不能换速停车时，轿厢首先要经过强迫减速开关。这时，装在轿厢上的碰铁与强迫减速限位开关的碰轮相接触，使开关内的触点发出指令信号，切断快速运行电路接入换速运行电路，使轿厢换速并停驶。

有的电梯把强迫减速开关安装在机房选层器钢架上、下两端。当电梯失控时，轿厢运行到顶层或底层而又未能换速或停车时，装在选层器动滑板上的动触头与强迫减速开关相接触，使轿厢换速并停驶。

7.4.2　终端限位开关

终端限位开关是防止电梯失控造成冲顶或撞底的第二道防线，由上、下两个限位开关组成。它们分别安装在井道的顶部或底部，在强迫减速开关之后。当电梯失控后，经过强迫减速开关而又未能使轿厢减速停车时，轿厢上的碰板与终端限位开关相接触，断开安全回路电源，使轿厢停止运行。

有的电梯把终端限位开关安装在机房内的选层器钢架上端或下端，其位置在强迫减速开关之后。当电梯失控后，经过强迫减速开关而又未能使轿厢停驶时，选层器动滑板上的机械触头与终端限位开关接触，切断控制电路，使轿厢停止运行。

7.4.3　终端极限开关

目前，我国电梯的终端极限开关有两种形式：一种是根据早期 GB 7588—1995《电梯制造与安装安全规范》中规定而设计的机械电气终端极限开关；另一种是根据近期 GB 7588—2003《电梯制造与安装安全规范》中规定而设计的电气式终端极限开关。不论何种方式的终端极限开关，都是在终端限位开关动作之后才起作用，它在轿厢或对重接触缓冲器之前起作用，并且在缓冲器被压缩期间保持其动作状态，但前者只用于强制驱动电梯。单速或双速电梯可以选用前者，后者适用于交流变频调速电梯驱动。

（1）电气式终端极限开关

这种形式的终端极限开关采用与强迫减速开关和终端限位开关相同的限位开关，设置在终端限位开关之后的井道顶部或底部，用支架板固定在导轨上，当轿厢地坎超越上、下端站200mm，在轿厢或对重接触缓冲器之前动作。其动作是由装在轿厢上的碰板触动限位开关，切断安全回路电源或断开上行（或下行）主接触器，使曳引机停止转动，轿厢停止运行。图7-16所示是电气式终端极限开关、终端限位开关、强迫减速开关位置示意图。

（2）机械电气式终端限位极限开关

它是在强迫减速开关和终端限位开关失去作用时，或控制轿厢上行（或下行）的主接触器失电后仍不能释放时（例如接触器触点熔焊粘连、线圈铁芯被油污黏住、衔铁或机械部分卡死）切断控制电路。当轿厢地坎超越上、下端站地坎200mm时，在轿厢或对重接触缓冲器之前，装在轿厢上的碰板接触装在井道上、下端的上碰轮或下碰轮，牵动与装在机房墙上的极限开关相连的钢丝绳，使只有人工才能复位的极限开关动作，从而切断除照明和报警装置电源外的电源，如图7-17所示。终端极限保护装置动作后，应由专职的维修人员检查，排除故障后，方能投入运行。

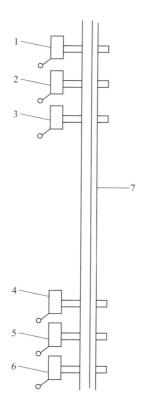

图7-16 电气式终端限位极限开关示意图

1，6—终端极限开关；2—上限位开关；
3—上强迫减速开关；4—下强迫减速开关；
5—下限位开关；7—导轨

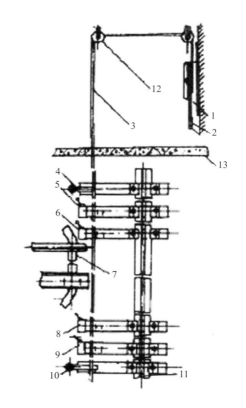

图7-17 机械电气式终端限位极限开关示意图

1—极限开关；2—重砣；3—钢丝绳；4—上碰轮；5—上限位开关；
6—上强迫缓速开关；7—碰板；8—下强迫缓速开关；9—下限位开关；
10—下碰轮；11，12—导轨；13—机房楼板

7.5 电梯中有关电气安全保护装置的规定及常用装置

7.5.1 电梯必须设置的电气安全装置

国家标准 GB 10058—2009《电梯技术条件》对电梯必须设置的电气安全装置做出了明确的规定。电梯必须设置的电气安全装置包括以下各种保护装置。

① 供电系统断相、错相保护装置或保护功能。电梯运行与相序无关时，可不设置错相保护装置。

② 限速器-安全钳系统联动超速保护装置。监测限速器或安全钳动作的电气安全装置，以及监测限速器绳断裂或松弛的电气安全装置。

③ 终端缓冲装置（对于耗能型缓冲器还包括检查复位的电气安全装置）。

④ 超越上下限工作位置时的保护装置。

⑤ 层门门锁装置及电气联锁装置。

a. 电梯正常运行时，应不能打开层门；如果一个层门开着，电梯应不能启动或继续运行（在开锁区域的平层和再平层除外）。

b. 验证层门锁紧的电气安全装置；证实层门关闭状态的电气安全装置；紧急开锁与层门的自动关闭装置。

⑥ 动力操纵的自动门在关闭过程中，当人员通过入口被撞击或即将被撞击时，应有一个自动使门重新开启的保护装置。

⑦ 轿厢上行超速保护装置。

⑧ 紧急操作装置。

⑨ 滑轮间、轿顶、底坑、检修控制装置、驱动主机和无机房电梯设置在井道外的紧急和测试操作装置上应设置双稳态的红色停止装置。如果距驱动主机 1m 以内或距无机房电梯设置在井道外的紧急和测试操作装置 1m 以内设有主开关或其他停止装置，则可不在驱动主机或紧急和测试操作装置上设置停止装置。

⑩ 不应设置两个以上的检修控制装置。若设置两个检修控制装置，则它们之间的互锁系统应保证：

a. 如果仅其中一个检修控制装置被置于"检修"位置，通过按压该检修控制装置上的按钮能使电梯运行；

b. 如果两个检修控制装置被置于"检修"位置：

• 在两者中任一个检修控制装置上操作均不能使电梯运行；

• 同时按压两个检修控制装置上相同功能的按钮才能使电梯运行。

⑪ 轿厢内以及在井道中工作的人员存在被困危险处，应设置紧急报警装置。当电梯行程大于 30m 或轿厢内与紧急操作地点之间不能直接对话时，轿厢内与紧急操作地点之间也应设置紧急报警装置。

⑫ 对于 EN81-1：1998/A2：2004 中 6.4.3 工作区域在轿顶上（或轿厢内）或 6.4.4 工作区域在底坑内或 6.4.5 工作区域在平台上的无机房电梯，在维修或检查时，如果由于维护（或检查）可能导致轿厢的失控和意外移动或该工作需要移动轿厢可能对人员产生人身伤害

的危险时，应有分别符合 EN81-1：1998/A2：2004 中 6.4.3.1、6.4.4.1 和 6.4.5.2（b）的机械装置。如果该操作不需要移动轿厢，EN81-1：1998/A2：2004 中 6.4.5 工作区域在平台上的无机房电梯应设置一个符合 EN81-1：1998/A2：2004 中 6.4.5.2（a）规定的机械装置，防止轿厢任何危险的移动。

⑬ 停电时，应有慢速移动轿厢的措施。

⑭ 若采用减行程缓冲器，则应符合 GB 7588—2003 中的 12.8 要求。

7.5.2 电气故障的防护

国家标准 GB 7588—2003《电梯制造与安装安全规范》对电梯电气故障防护的规定如下。

电梯可能出现各种电气故障，但下列电气设备中的任何一种故障，其本身不应成为电梯危险故障的原因：

① 无电压；

② 电压降低；

③ 导线（体）中断；

④ 对地或对金属构件的绝缘损坏（如果电路接地或接触金属构件而造成接地，该电路中的电气安全装置应使曳引机立即停机，或在第一次正常停机后防止曳引机再启动）；

⑤ 电气元件的短路或断路以及参数或功能的改变，如电阻器、电容器、晶体管、灯等；

⑥ 接触器或继电器的可动衔铁不吸合或不完全吸合；

⑦ 接触器或继电器的可动衔铁不释放（断开）；

⑧ 触点不断开；

⑨ 触点不闭合；

⑩ 错相。

7.6 其他安全保护装置

电梯安全保护系统中所配备的安全保护装置一般由机械和电气安全保护装置两大部分组成。机械安全保护装置主要有限速器和安全钳、缓冲器、制动器、层门门锁、轿门安全触板、轿顶安全窗、轿顶防护栏杆、护脚等，但是一些机械安全保护装置往往需要和电气部分的功能配合和联锁，才能保证其动作和功效的可靠性。例如层门的机械门锁，必须是和电开关连接在一起的联锁装置。

7.6.1 层门门锁的安全装置

乘客进入电梯轿厢，首先接触到的就是电梯层门（厅门）。正常情况下，只要电梯的轿厢没有到位（到达本站层），本层的层门就不能打开，只有轿厢到位（到达本层站）后，随着轿厢门打开后，层门才能随着打开。因此层门门锁的安全装置的可靠性十分重要，直接关系到乘客进入电梯头一关的安全性。

7.6.2 门运动过程中的保护

乘客进入层门后就立即经过轿厢门而进入轿厢。轿门指的是接近层门的轿厢门，但由于乘客进出轿厢的速度不同，有时会发生被层门或轿门夹住的情况，则对门的运动提出了保护性的要求。保护装置一般安装在轿门上，常见的有机械接触式保护装置、光电式保护装置等。电梯门上设置一种保护装置，其目的就是防止轿厢在关门过程中出现夹伤乘客或夹住物品的现象。

7.6.3 轿厢超载保护装置

乘客从层门进入到轿厢后，轿厢里的乘客人数（或货物）所达到的载重量，如果超过电梯的额定载重量，就可能出现电梯超载所产生的不安全后果或超载失控，造成电梯超速坠落的事故。

超载保护装置的作用是当轿厢超过额定负载时，能发出警告信号并使轿厢不能启动运行，从而避免意外事故的发生。

7.6.4 轿厢顶部的安全窗

安全窗是设在轿厢顶部的一个向外开的窗口。安全窗打开时，限位开关的常开触点断开，切断控制电源，此时电梯不能运行。当轿厢因故停在楼房两层中间时，司机可通过安全窗从轿顶以安全措施找到层门。安装人员在安装时、维修人员在处理故障时也可利用安全窗。由于控制电源被切断，可以防止人员出入轿厢窗口时因电梯突然启动而造成人身伤害事故。出入安全窗时，还必须先将电梯急停开关按下（如果有的话）或用钥匙将控制电源切断。为了安全，司机最好不要从安全窗出入，更不能让乘客从安全窗出入。因安全窗窗口较小，且离地面有 2m 多高，上下很不方便。停电时，轿顶上很黑，又有各种装置，易发生人身伤害事故。

也有的电梯不设安全窗，可以用紧急钥匙打开相应的层门上、下轿顶。

7.6.5 轿顶护栏

轿顶护栏是电梯维修人员在轿顶作业时的安全保护栏。GB 7588—2003《电梯制造与安装安全规范》中规定："离轿顶外侧边缘有水平方向超过 0.30m 的自由距离时，轿顶应装设护栏。"自由距离应测量至井道壁，井道壁上有宽度或高度小于 0.30m 的凹坑时，允许在凹坑处有稍大一点的距离。护栏应满足下列要求。

① 护栏应由扶手、0.10m 高的护脚板和位于护栏高度一半处的中间栏杆组成。

② 考虑到护栏扶手外缘水平的自由距离，扶手高度为：

a. 当自由距离不大于 0.85m 时，不应小于 0.70m；

b. 当自由距离大于 0.85m 时，不应小于 1.10m。

③ 扶手外缘和井道中的任何部件［对重（或平衡重）、开关、导轨、支架等］之间的水平距离不应小于 0.10m。

④ 护栏的入口，应使人员安全和容易地通过，以进入轿顶。

⑤ 护栏应装设在距轿顶边缘最大为 0.15m 之内。

就实践经验来看，设护栏比不设护栏更有利，只是设置护栏时应注意使护栏外围与井道内的其他设施（特别是对重）保持一定的安全距离，做到既可防止人员从轿顶坠落，又避免因扶、倚护栏造成人身伤害事故。在维修人员安全工作守则中可以写入"站在行驶中的轿顶上时，应站稳扶牢，不倚、靠护栏"和"与轿厢相对运动的对重及井道内其他设施保持安全距离"等字样，以提醒维修人员重视安全。

7.6.6　底坑对重护栏

为防止人员进入底坑对重下而发生危险，在底坑对重两导轨间应设防护栏，防护栏高度为 2.5m，距地 0.3m 装设。宽度不小于对重导轨两侧之间距，无论是水平方向或垂直方向测量，防护网空格或开孔尺寸均不得大于 10mm。

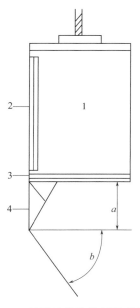

图 7-18　轿厢地坎护脚板示意图
1—轿厢；2—轿门位置；
3—轿厢地坎；4—护脚板

7.6.7　轿厢护脚板

轿厢不平层，当轿厢地面（地坎）的位置高于层站地面时，会使轿厢与层门地坎之间产生间隙，这个间隙有可能会使乘客的脚踏入井道，发生人身伤害事故。为此，国家标准规定，每一轿厢地坎上均需装设护脚板，其宽度是层站入口处的净宽度。其整个垂直以下部分应成斜面向下延伸，斜面与水平面的夹角 b 大于 60°。该斜面在水平面上的投影深度不小于 20mm，且其垂直部分的高度 a 大于 0.75m。护脚板用 2mm 的厚铁板制成，装于轿厢地坎下侧且用扁铁支撑，以加强机械强度。护脚板尺寸见图 7-18。

7.6.8　制动器扳手与盘车手轮

当电梯在运行中遇到突然停电造成电梯停止运行时，电梯又没有停电自救运行设备，且轿厢又停在两层门之间，乘客无法走出轿厢，这时就需要由维修人员到机房用制动扳手和盘车手轮两件工具人为操纵，使轿厢就近停靠，以便疏导乘客。制动器扳手的式样因电梯抱闸装置的不同而不同，其作用都是用它来使制动器的抱闸脱开。盘车手轮是用来转动电动机主轴的轮状工具（有的电梯装有惯性轮，亦可操作电动机转动）。操作时首先应切断电源，由两人操作，即一人操作制动器扳手，一人盘动手轮。两人需配合好，以免因制动器的抱闸被打开而未能把住手轮，致使电梯因对重的重量而造成轿厢快速行驶。一人打开抱闸，一人慢速转动手轮，使轿厢向上移动，当轿厢移到接近平层位置时即可。制动器扳手和盘车手轮平时应放在明显位置并应涂上黄漆以醒目。

7.6.9　超速保护开关

电梯限速器上都设有超速保护开关。在限速器的机械装置动作之前，此开关就得动作，切断控制回路，使电梯停止运行。对速度不大于 1m/s 的电梯，其限速器上的电气安全开关最迟在限速器达到其动作速度时起作用。

7.6.10　曳引电机的过载保护

电梯使用的电动机容量一般都比较大，从几千瓦至十几千瓦。为了防止电动机过载后被烧毁而设置了热继电器过载保护装置。电梯电路中常采用的 JRO 系列热继电器是一种双金属片热继电器。两只热继电器元件分别接在曳引电动机快速和慢速的主电路中，当电动机过载超过一定时间，即电动机的电流长时间大于额定电流时，热继电器中的双金属片经过一定时间后变形，从而断开串接在安全保护回路中的接点，保护电动机不因长期过载而烧损。

现在也有将热敏电阻埋藏在电动机绕组中的，即当过载发热引起阻值变化时，经放大器放大使微型继电器吸合，断开其中在安全回路中的触头，从而切断控制回路，强令电梯停止运行。

7.6.11 电梯控制系统中的短路保护

一般短路保护是由不同容量的熔断器来进行的。熔断器是利用低熔点、高电阻金属不能承受过大电流的特点，使它熔断，切断电源，对电气设备起到保护作用。

7.6.12 供电系统相序和断（缺）相保护

当供电系统因某种原因造成三相动力线的相序与原相序有所不同，从而使电梯原定的运行方向变为相反方向时，给电梯运行造成极大的危险性。同时缺相保护的目的也是为防止曳引机在电源缺相的情况下不正常运转而导致电机烧损。

电梯电气线路中采用了 XSJ 相序继电器，当线路错相或断相时，相序继电器切断控制电路，使电梯不能运行。国内目前常采用的 XJ3 型相序继电器的原理如图 7-19 所示。

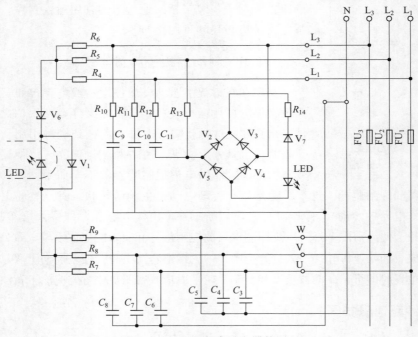

图 7-19 XJ3 型相序继电器的原理

近几年来，由于电力电子器件和交流传动技术的发展，电梯的主驱动系统应用晶闸管直接供电给直流曳引电动机，以及大功率 GTR 三极晶体管为主体的变频技术在交流调速电梯系统（即 VVVF）中的应用，使电梯系统工作时与电源的相序无关。因此，在这种系统中缺相保护是重要的，电梯控制系统一般总是要求有缺相和错相保护两者相结合的保护继电器。

7.6.13 主电路方向接触器联锁装置

交流电梯运行方向的改变，是通过主电路中的两只方向接触器改变供电相序来实现的。如果两只接触器同时吸合，则会造成电气线路的短路。为防止短路故障，在方向接触器上设置了电气联锁，即上方向接触器的控制回路是经过下方向接触器的辅助常闭接点来完成的。下方向接触器的控制电路受上方向接触器辅助常闭接点控制，只有下方向接触器处于失磁状态时，上方向接触器才能吸合，而下方向接触器吸合时上方向接触器一定处于失磁状态。这样上、下方向接触器形成电气联锁。

7.6.14　电气设备的接地保护

我国供电系统一般采用中性点直接接地的三相四线制，从安全防护方面考虑，电梯的电气设备采用接零保护。在中性点接地系统中，当一相接地时，接地电流成为很大的单相短路电流，保护设备能准确而迅速地动作切断电流，保障人身和设备安全。接零保护的同时，零线还要在规定的地点采取重复接地。重复接地是将零线的一点或多点通过接地体与大地再次连接。在电梯安全供电现实情况中还存在一定的问题，有的引入电源为三相四线，到电梯机房后，将零线与保护地线混合后使用，有的用敷设的金属管外皮作零线使用，这是很危险的，容易造成人身触电事故或损害电气设备。有条件的地方最好采用三相五线制的 TN-S 系统，直接将保护地线引入机房，见图 7-20 （a）。如果采用三相四线制供电接零保护 TN-C-S 系统，则严禁电梯电气设备单独接地。电源进入机房后保护地线与中性线应始终分开，该分离点（A 点）的接地电阻不应大于 4Ω，见图 7-20 （b）。

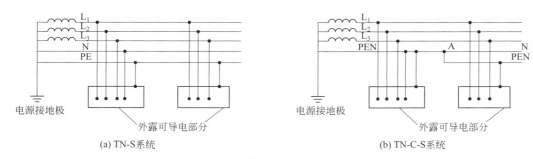

(a) TN-S系统　　　　　　　　　　　　　　　　(b) TN-C-S系统

图 7-20　供电系统接地形式

电梯电气设备如电动机、控制柜、布线管、布线槽等外露的金属外壳部分，均应进行保护接地。

保护接地线应采用导线截面积不小于 1.5mm²，且有绝缘层的铜线，或 4mm² 的裸铜线（禁止使用铝线）。线槽或金属管应相互连成一体并接地，连接可采用金属焊接，在跨接管路线槽时可用直径 4～6mm 的铁丝或钢筋棍，用金属焊接方式焊牢，见图 7-21。

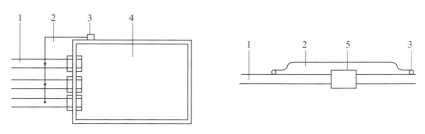

图 7-21　接地线连接方式

1—金属管或线槽；2—接地线；3—金属焊点；4—金属线盒；5—管箍

当使用螺栓压接保护地线时，应使用直径 φ8mm 的螺栓，并加平垫圈和弹簧垫圈压紧。接地线应为黄绿双色。当采用随行电缆芯线作保护地线时不得少于 2 根。

在电梯采用的三相四线制供电线路的零线上不准装设保险丝，以防人身和设备的安全受到损害。对于各用电设备的接地电阻应不大于 4Ω。电梯生产厂家有特殊抗干扰要求的，按照厂家要求安装。对接地电阻应定期检测，绝缘电阻动力电路和安全装置电路不得小于 0.5MΩ，照明、信号等其他电路不小于 0.25MΩ。

7.6.15　电梯急停开关

急停开关也称停止开关，是串接在电梯控制线路中的一种不能自动复位的手动开关，当遇到紧急情况或在轿顶、底坑、机房等处检修电梯时，为防止电梯的启动、运行，将开关关闭，切断控制电源以保证安全。

急停开关分别设置在轿顶操纵箱上、底坑内和机房控制柜壁上。通常电梯轿厢操作盘（箱）上不设此开关。

急停开关应有明显的标志，按钮应为红色，旁边标以红色"停止"字样。

7.6.16　可切断电梯电源的主开关

每台电梯在机房中都应装设一个能切断该电梯电源的主开关，并具有切断电梯正常行驶时的最大电流的能力。如有多台电梯，还应对各个主开关进行相应的编号。注意，主开关切断电源时不包括轿厢内、轿顶、机房和井道的照明、通风以及必须设置的电源插座等供电电路。

目前我国一般常用 DZ-100 型空气开关为电源主开关，其规格、型号、主要性能参数见表 7-1。照明电路开关规格见表 7-2。

表 7-1　DZ-100 型空气开关主要性能参数（主开关代号 QF1）

系统电流/A	复式脱扣参数		主触点极限分断能力/A		寿命/10^3次	
	额定电流/A	动作电流倍数	交流 380V 时	直流 220V 时	机械	电气
40	40	10	9000	9000		
50	50	10	12000	12000		
60	60	10	12000	12000	20	1
80	80	10	12000	12000		

（注：复式脱扣参数额定电流列中间合并为 10）

表 7-2　照明电路开关规格

开关名称、代号	照明电路电流/A	型号	极数	电流/A	电压/V
照明电源开关 SA1，SA2	<15	HH3-15	2	15	380

7.6.17　紧急报警装置

当电梯轿厢因故障被迫停驶，为使电梯司机与乘客在需要时能有效地向外求援，应在轿厢内装设容易识别和触及的报警装置，以通知维修人员或有关人员采取相应的措施。报警装置可采用警铃（充电蓄电池供电的）、对讲系统、外部电话或类似装置。

7.6.18　轿厢开门限制装置

如果由于任何原因电梯停在开锁区域，应能在下列位置用不超过 300N 的力，手动打开轿门和层门：

① 轿厢所在层站，用三角钥匙开锁或通过轿门使层门开锁后；

② 轿厢内。

为了限制轿厢内人员开启轿门，应提供措施使：

① 轿厢运行时，开启轿门的力应大于 50N；

② 轿厢在开锁区域之外时，在开门限制装置处施加 1000N 的力，轿门开启不能超过 50mm。

至少当轿厢停在意外移动规定的距离内时，打开对应的层门后，能够不用工具从层站打开轿门，除非用三角形钥匙或永久性设置在现场的工具。

7.6.19　轿厢意外移动保护装置

在层门未被锁住且轿门未关闭的情况下，由于轿厢安全运行所依赖的驱动主机或驱动控制系统的任何单一元件失效，致使轿厢离开层站而引发意外移动，所以电梯应具有防止该移动或使移动停止的装置。悬挂绳、链条和曳引轮、滚筒、链轮的失效除外，曳引轮的失效包含曳引能力的突然丧失。

轿厢意外移动制停时，由于曳引条件造成的任何滑动，均应在计算或验证制停距离时予以考虑。该装置应能够检测到轿厢的意外移动，并应制停轿厢使其保持停止状态。

在没有电梯正常运行时控制速度或减速、制停轿厢或保持停止状态的部件参与的情况下，该装置应能达到规定的要求，除非这些部件存在冗余且自监测正常工作。

【思考题】

7-1　试述电梯安全保护系统的分类及组成。

7-2　限速器和安全钳的作用分别是什么？

7-3　限速器装置和安全钳装置由哪些机械部件构成？

7-4　张紧装置由哪几部分组成？其作用是什么？

7-5　限速器按其动作原理可分为哪几种？请分别介绍它们的工作原理。

7-6　说明限速器动作速度的基本要求。

7-7　安全钳按其动作过程的不同可分为哪几种？它们各自的特点是什么？

7-8　简述限速器和安全钳联动的过程。

7-9　双向限速器与一般限速器的区别是什么？双向安全钳有哪些优点？

7-10　缓冲器的作用是什么？其主要型式有哪两种？

7-11　常见的缓冲器有哪几种？它们分别属于哪种型式？请比较它们的基本结构。

7-12　简述液压缓冲器的工作原理。

7-13　终端限位保护装置的作用是什么？包括哪些部件？这些部件的作用如何？

7-14　电梯必须设置的电气安全装置包括哪些？

7-15 电气设备中哪些故障不应成为电梯危险故障的原因?

7-16 介绍一般常用的电气安全保护装置。

7-17 电梯的供电系统有什么要求?

7-18 轿顶护栏有什么作用和要求?

7-19 电梯的供电系统为什么要设置相序和断(缺)相保护?

模块八 自动扶梯和自动人行道

【知识目标】

① 自动扶梯和自动人行道由特种结构型式的链式输送机和两台特殊结构型式的胶带输送机组合而成。

② 自动扶梯和自动人行道由梯路（变形的板式输送机）和两旁的扶手（变形的带式输送机）组成。

③ 自动扶梯和自动人行道的主要参数有提升高度、梯级名义宽度、额定速度、倾斜角、理论输送能力。

④ 自动扶梯和自动人行道控制系统大致经历了继电器＋驱动装置、电子式自动扶梯控制、PLC＋驱动装置、微机＋驱动装置四个阶段。

⑤ 自动扶梯电气安全保护装置基本类型。

【能力目标】

① 认识自动扶梯和自动人行道类型。

② 掌握自动扶梯和自动人行道主要参数及布置形式。

③ 掌握自动扶梯结构及工作原理。

【知识链接】

8.1 自动扶梯和自动人行道概述

8.1.1 自动扶梯和自动人行道的定义、用途

（1）自动扶梯

自动扶梯是带有循环运行梯级，用于向上或向下倾斜输送乘客的固定电力驱动设备（摘自国标 GB/T 7024—2008），见图 8-1。

自动扶梯是由一台特种结构型式的链式输送机和两台特殊结构型式的胶带输送机组合而成，带有循环运动梯路，用以在建筑物的不同层高间向上或向下倾斜输送乘客的固定电力驱动设备。

自动扶梯由梯路（变形的板式输送机）和两旁的扶手（变形的带式输送机）组成。其主要部件有梯级、牵引链条及链轮、导轨系统、主传动系统（包括电动机、减速装置、制动器

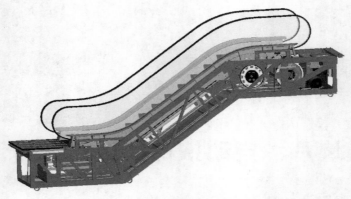

图 8-1　自动扶梯示意图

及中间传动环节等）、驱动主轴、梯路张紧装置、扶手系统、梳齿板、桁架和电气系统等。梯级在乘客入口处做水平运动（方便乘客登梯），以后逐渐形成阶梯；在接近出口处阶梯逐渐消失，梯级再度做水平运动。这些运动都是由梯级主轮、辅轮分别沿不同的梯级导轨行走来实现的。具体见图 8-2。

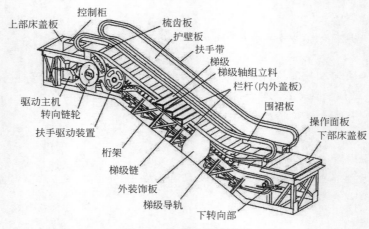

图 8-2　自动扶梯构造图

自动扶梯广泛用于车站、码头、商场、机场和地下铁道等人流集中的地方。

（2）自动人行道

自动人行道是带有循环运行（板式或带式）走道，用于水平或倾斜角不大于12°输送乘客的固定电力驱动设备，具有连续工作、运输量大、水平运输距离长的特点，主要用于人流量大的公共场所，如机场、车站和大型购物中心或超市等处的长距离水平运输。自动人行道没有像自动扶梯那样阶梯式梯级的构造，结构上相当于将梯级拉成水平（或倾斜角不大于12°）的自动扶梯，且较自动扶梯简单。自动人行道与自动扶梯梯级相似的部件是踏板或胶带，见图 8-3。

自动人行道结构与自动扶梯相似，主要由活动路面和扶手两部分组成。通常，其活动路面在倾斜情况下也不形成阶梯状。按结构型式可分为踏步式自动人行道（类似板式输送机）、带式自动人行道（类似带式输送机）和双线式自动人行道。

图 8-3 自动人行道示意图

为了达到与自动扶梯零部件通用和经济性的目的，常采用梯级结构和相同的扶手结构。扶手应与活动路面同步运行，以保证乘客安全。自动人行道的运行速度、路面宽度和输送能力等均与自动扶梯相近。

8.1.2 自动扶梯和自动人行道的发展史

(1) 自动扶梯和自动人行道的历史

自动扶梯，最初只是一种游乐场内的机动游戏，后来美国的奥的斯等人加以研究，在1900 年的巴黎展览会上展示了初步成品（图 8-4），逐步发展成为今日的型式（图 8-5）。

图 8-4 巴黎展览会上的扶梯样机

图 8-5 商场的自动扶梯

自动扶梯和自动人行道能连续不断地输送人流往指定楼层，与电梯相比，它既不会困人，也能在停电或故障时作为楼梯使用，对于两三层楼的人流运送，自动扶梯和自动人行道比电梯效率更高。

(2) 自动扶梯和自动人行道电气控制系统的发展

自动扶梯和自动人行道的控制系统大致经历了如下四个历史阶段：继电器＋驱动装置、电子式自动扶梯控制、PLC＋驱动装置及微机＋驱动装置。初期的自动扶梯和自动人行道采用继电器式电气控制系统，由接触器、继电器和行程开关组成。通常系统分主电路、控制电路、保护电路及电源几部分。特点是电路简单、便于掌握、维修技术要求低；但是采集故障信号的速度慢，故障率较高。随后，电子式控制系统得到广泛应用，由二极管、三极管和晶闸管等元件组成，但通常在强电部分还采用接触器等机电式器件。这种控制系统自动化程度大为提高，各种保护电路得到广泛应用。体积相应地减小，无触点开关噪声小，故障检测准确、及时并可靠。

随着可编程序控制器产品的大量生产，可编程序控制器（PLC）在自动扶梯中也广泛应用。这种控制系统有编程简单、可在现场修改程序、维护方便、可靠性比继电器高、体积小等优点。由于 PLC 技术不断发展，产品模块化，扩展能力强，并和微机容易连接，PLC＋驱动装置简单、可靠、成本低，缺点是保密性差，功能简单，在中国仍被多数小型企业使用。

在计算机和变频技术应用越来越普及的时代，在电梯和自动扶梯中广泛采用了微机控制变频技术系统，并采用微机检测、自动监控和各种自动保护装置。采用计算机技术后，使自动扶梯的控制系统各项指标都得到了极大的提高。这类控制系统具有体积小、控制功能多、节能、通用性强等特点，是目前电梯企业所采取的主流配置。另外，蓝牙技术将在自动扶梯上应用。蓝牙技术是一种全球开发的、短距离无线通信技术。它可通过短距离无线通信把自动扶梯上的各种电子设备连接起来，实现无线组网。这种技术可以减少自动扶梯的安装周期和费用，提高自动扶梯的可靠性和控制精度，更好地解决电气设备的兼容性。

自动扶梯的控制系统将向信息化和网络化方向发展，建立单一的自动扶梯网络平台，通过该平台将所有的自动扶梯监控起来，保证自动扶梯安全运行，确保乘客安全。当出现故障时，通过该平台及时了解信息，做出合理判断，并且能够使维保人员立即进行抢修，确保自动扶梯安全运行，见图 8-6。

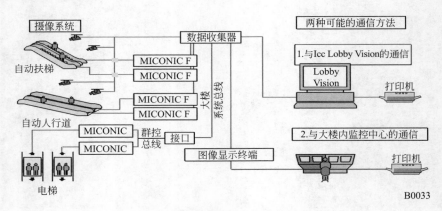

图 8-6　自动扶梯和自动人行道的网络平台

8.1.3　自动扶梯和自动人行道的分类

（1）按用途分类

① 公共交通型自动扶梯和自动人行道　适用在下列工作条件下运行的自动扶梯和自动人行道：

a. 为一个公共交通系统的组成部分，包括它的出口和入口处；

b. 每周运行时间约 140h，且在任何 3h 的间隔内持续重载时间不少于 0.5h。

② 普通型自动扶梯和自动人行道　不符合上述公共交通型自动扶梯和自动人行道使用条件的自动扶梯和自动人行道。

通常人流集中的地铁、车站、机场、码头所使用的自动扶梯和自动人行道应选用公共交通型的，而商店、大厦等则可选用普通型的。但由于我国商场或一般性建筑配置的自动扶梯或自动人行道数量通常偏少，因此建议设计时对于某些人流量相对较大的商场或大厦使用公共交通型的自动扶梯或自动人行道。

③ 新型自动扶梯和自动人行道

a. 螺旋形自动扶梯 梯级按一定的螺旋角运动的自动扶梯。这种自动扶梯造型优美，对某些建筑物有极好的装饰效果，同时又具有直线形自动扶梯输送量大的优点，但其结构复杂，制造难度大，价高，主要用于大型高档商场或高级公共建筑物。

b. 设有大型轮椅用梯级的自动扶梯 该自动扶梯既可按通常自动扶梯运行方式运输正常乘客，也可以通过轮椅运行转换开关转为轮椅专用运行，将三组特定梯级系统沿自动扶梯纵向方向扩宽，保持水平，可以输送规定尺寸的轮椅、电动三轮车及电动四轮车，一定时间后准入普通乘客，并可设置在室外。这种自动扶梯既节省输送时间，同时又为行走不便的残疾人提供了方便，其运输轮椅示意图见图 8-7 所示。

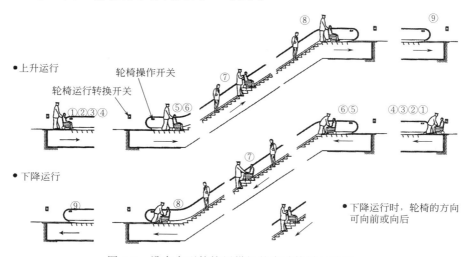

图 8-7 设有大型轮椅用梯级的自动扶梯示意图

④ 变速自动人行道 目前，在大型机场、楼宇之间长距离输送人流的单速自动人行道，输送距离长，跨度大（通常在 100m 以上），速度低（通常不超过 0.75m/s），输送效率不高。现在国外已有变速自动人行道，主要有两种类型。

a. 一种是具有加速功能的直线平带型自动人行道。这种变速人行道在入口端有几段速度递增，在出口端有几段速度递减的短区段，再加上中间长距离的高速段。其入口和出口端速度为 0.6m/s，中间高速段速度 1.2m/s 时，输送距离可达 120m；而中间高速段速度为 1.8m/s 时，输送距离可达 200m。该型自动人行道已投入机场运营。

b. 第二种是速度可变的自动人行道，能在 150～1000m 行程内输送乘客，是速度循环变化的自动人行道，其在进口处速度较慢，然后在一定长度内逐渐加速到最大，最后在出口处减速，最大速度 100m/min，是进出口速度 40m/min 的 2.5 倍。这种自动人行道是一种能够承载高密集的人群、具有较强输送能力以及覆盖较长运送距离的行走支持系统。

（2）按扶手装饰分类

① 全透明式 指扶手护壁板采用全透明的玻璃制作的自动扶梯和自动人行道。按护壁板采用玻璃的形状，又可进一步分为曲面玻璃式和平面玻璃式。

② 不透明式 指扶手护壁板采用不透明的不锈钢或其他材料制作的自动扶梯和自动人

行道。由于扶手带支架固定在护壁板的上部，扶手带在扶手支架导轨上做循环运动，因此不透明式的稳定性优于全透明式，主要用于地铁、车站、码头等人流集中的高度较大的自动扶梯或自动人行道。

就扶手装饰而言，全透明的玻璃护壁板具有一定的强度，其厚度不应小于 6mm，加上全透明的玻璃护壁板，有较好的装饰效果，所以护壁板采用平面全透明玻璃制作的自动扶梯或自动人行道占绝大多数。

(3) 自动扶梯按梯级驱动方式分类

① 链条式　指驱动梯级的元件为链条的自动扶梯。

② 齿条式　指驱动梯级的元件为齿条的自动扶梯。

由于链条驱动式结构简单，制造成本较低，所以目前大多数自动扶梯均采用链条驱动式结构。

(4) 自动人行道按踏面结构分类

① 踏板式　乘客站立的踏面为金属或其他材料制作的表面带齿槽的板块的自动人行道。

② 胶带式　乘客站立的踏面为表面覆有橡胶层的连续钢带的自动人行道。

胶带式自动人行道运行平衡，但制造和使用成本较高，适用于长距离、速度较高的自动人行道。目前多见的是踏板式自动人行道。

(5) 自动扶梯按提升高度分类

① 小提升高度自动扶梯　提升高度 $H < 6m$。

② 中提升高度的自动扶梯　提升高度 $6m \leqslant H < 10m$。

③ 大提升高度的自动扶梯　提升高度 $H \geqslant 10m$。

(6) 按倾斜角度分类

① 自动扶梯有 30°、35°两类。图 8-8 所示为其示意图。

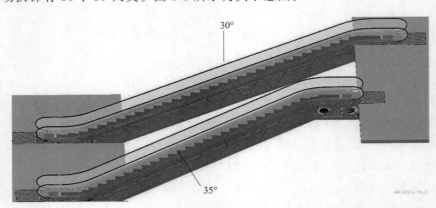

图 8-8　30°和 35°自动扶梯示意图

② 自动人行道的倾角为 0°～12°，以前推荐可至 15°，但考虑到安全要求，只允许使用到 12°。自动人行道的输送长度在水平或微斜时可至 500m。见图 8-9。

(7) 按运行速度分类

① 自动扶梯当倾斜角度≤30°时，速度不超过 0.75m/s；当倾斜角度大于 30°而不大于 35°时，速度不超过 0.5m/s。

② 自动人行道输送速度一般为 0.5m/s，最高不超过 0.75m/s。

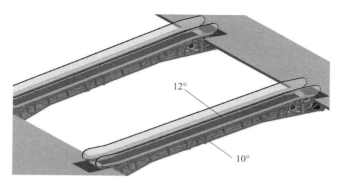

图 8-9 10°和 12°的自动人行道示意图

（8）按设置方法分类

按设置方法分类，可分为单台型、单列型、单列重叠型、并列型和交叉型等自动扶梯和自动人行道。

8.2 自动扶梯和自动人行道主要参数及布置形式

8.2.1 自动扶梯的主要参数

自动扶梯的主要参数，见图 8-10。

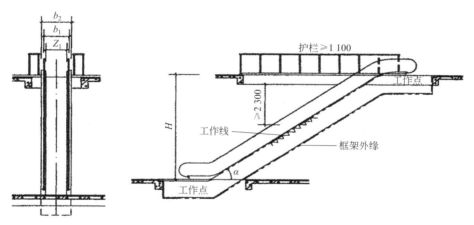

图 8-10 自动扶梯示意图

自动扶梯主要参数有提升高度、名义宽度、额定速度、倾斜角、理论输送能力。

（1）提升高度 H

提升高度是指使用自动扶梯的建筑物上、下楼层间或地铁地面与地下站厅间的高度。对于倾斜角为 35°的自动扶梯，其提升高度不应超过 6m。

（2）名义宽度 Z_1

名义宽度是指梯级宽度的公称尺寸，通常为 600mm、800mm 和 1000mm 三种规格。

（3）额定速度 v

自动扶梯在空载情况下的运行速度，是制造厂商所设计确定并实际运行的速度。自动扶梯倾斜角 α 小于 30°时，其额定速度不应超过 0.75m/s，通常为 0.5m/s、0.65m/s 和

0.75m/s；自动扶梯倾斜角 α 大于 30°但不大于 35°时，其额定速度不应超过 0.5m/s。

（4）倾斜角 α

梯级运行方向与水平面构成的最大角度，通常自动扶梯的倾斜角为 30°和 35°两种。自动扶梯的倾斜角 α 一般不应超过 30°。当提升高度不超过 6m，额定速度不超过 0.5m/s 时，倾斜角 α 允许增至 35°。

（5）理论输送能力 C_t

自动扶梯每小时理论输送的人数，按下式计算：

$$C_t = v \div 0.4 \times 3600 \times k \tag{8-1}$$

式中　C_t——理论输送能力；

　　　v——额定速度；

　　　k——系数。

常用宽度的 k 值为：

当 $Z_1 = 0.6$m 时，$k = 1.0$；

当 $Z_1 = 0.8$m 时，$k = 1.5$；

当 $Z_1 = 1.0$m 时，$k = 2.0$。

8.2.2　自动人行道主要参数

自动人行道的主要参数，见图 8-11。

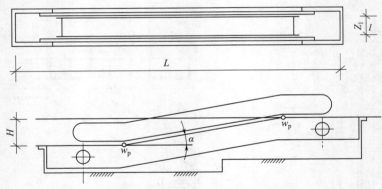

图 8-11　倾斜式自动人行道的示意图

（1）输送长度 L

输送长度是指自动人行道入口至出口的有效长度（踏板面长度）。

（2）名义宽度 Z_1

名义宽度是指踏板或胶带宽度的公称尺寸。自动人行道的名义宽度不应小于 580mm，且不超过 1100mm。对于倾斜角不大于 6°的自动人行道，该宽度允许增大至 1650mm。

（3）额定速度 v

自动人行道的踏板或胶带在空载情况下的运行速度，是由制造厂商所设计确定并实际运行的速度。自动人行道的额定速度不应超过 0.75m/s。如果自动人行道的踏板或胶带的宽度不超过 1.1m，自动人行道的额定速度最大允许达到 0.9m/s。

（4）倾斜角 α

踏板或胶带运行方向与水平面构成的最大角度。自动人行道的倾斜角不应超过 12°。

（5）理论输送能力 C_t

自动人行道每小时理论输送的人数，其计算公式与理论输送能力与自动扶梯相同，见式(8-1)。

8.2.3 自动扶梯的总体布置形式

自动扶梯的输送能力与其总体布置形式密切相关，应根据不同的使用要求，采用合理的布置形式。其基本布置形式有图 8-12 （a）、（b）、（c）三种，在同一时间内只能实现层楼间单向输送乘客，因此适用于客流量较小的小型商店和车站等处使用。图 8-12 （d）和（e）两种布置形式，能实现同一时间内双向输送乘客，适用于客流量较大的大型百货商场等处使用。

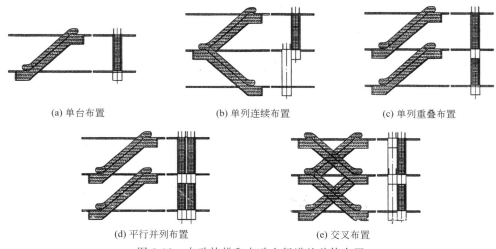

(a) 单台布置　　　　　　(b) 单列连续布置　　　　　　(c) 单列重叠布置

(d) 平行并列布置　　　　　　(e) 交叉布置

图 8-12　自动扶梯和自动人行道的总体布置

8.2.4 自动扶梯和自动人行道的相邻区域和执行的标准

（1）出入口的通行区域

在自动扶梯和自动人行道的出入口，应有充分畅通的区域，以容纳进（出）自动扶梯的乘客。该区域的宽度应大于或等于扶手带外缘之间的距离，加上两边各 80mm，其在深度方向，从自动扶梯的扶手带端部起，向外延伸至少 2500mm。若该通行区域的宽度达到扶手带外缘之间距离的 2 倍以上，则其深度方向尺寸可减至 2000mm。设计人员应将该通行区域视为整个交通输送系统的一部分，因此实际上有时需要适当增大。

（2）梯级、踏板或胶带上方的安全高度

自动扶梯的梯级和自动人行道的踏板或胶带的上方，应有不小于 2300mm 的垂直净高通过高度。该净高度应沿整个梯级、踏板或胶带的运动全行程，以保证自动扶梯或自动人行道的乘客安全无阻碍地通过。

（3）扶手带外缘与建筑物或障碍物之间的安全距离

扶手带外缘与相邻建筑物墙壁或障碍物之间的水平距离，在任何情况下均不得小于400mm，该距离应保持到自动扶梯梯级上方和自动人行道踏板上方或胶带上方至少 2100mm 的高度处。如果采取适当措施可避免伤害的危险，此 2100mm 的高度可适当减少。

对平行并列布置［图 8-12 （d）］或交叉布置［图 8-12 （e）］的自动扶梯，为防止相邻自动扶梯运动引起的伤害，相邻两台自动扶梯扶手带外缘之间距离应大于160mm。

（4） 与楼板交叉处以及交叉布置的自动扶梯或自动人行道之间的防护

自动扶梯或自动人行道与楼板交叉处以及各交叉布置的自动扶梯或自动人行道相交叉的三角形区域，除了应满足上述的安全距离的要求外，还应在外盖板上方设置一个无锐利边缘的垂直防碰保护板，其高度不应小于300mm。例如一个无孔的三角形保护板。如扶手带外缘与任何障碍物之间的距离大于或等于400mm时，则不需采用防碰保护板。

（5） 自动扶梯或自动人行道上端部楼板边缘的保护

自动扶梯（图8-13）或倾斜式自动人行道上端部与上层楼板相交处，为了满足上述梯级、踏板或胶带上方的安全高度，在上层楼板上应开有一定尺寸的孔。为了防止乘客有坠落或挤刮伤害的危险，在开孔楼板的边缘应设有规定高度的护栏。

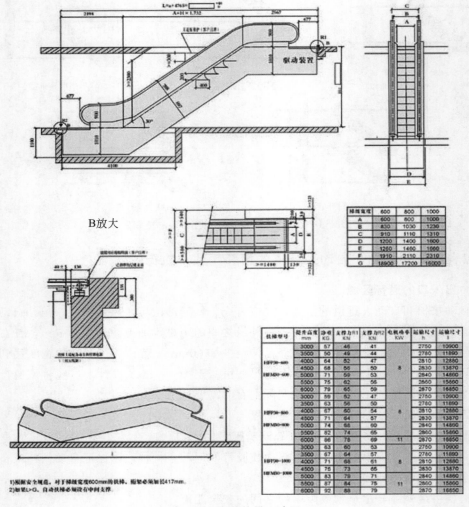

图 8-13　自动扶梯土建图

（6） 自动扶梯或自动人行道的照明

自动扶梯或自动人行道及其周边，特别是在梳齿板的附近应有足够的照明，自动扶梯和自动人行道出入口处地面的照度至少为50lx。

（7）自动扶梯和自动人行道执行标准

自动扶梯和自动人行道现执行 GB 16899—2011《自动扶梯和自动人行道的制造与安装安全规范》，该标准等效采用了欧洲标准 EN115-1：2008《自动扶梯和自动人行道制造与安装安全规范》，另外还应执行行业标准 JB/T 8545—2010《自动扶梯梯级链、附件和链轮》等。

8.2.5　自动扶梯和自动人行道的基本术语

（1）自动扶梯

带有循环运行梯级，用于向上或向下倾斜输送乘客的固定电力驱动设备。

（2）自动人行道

带有循环运行（板式或带式）走道，用于水平或倾斜角不大于12°输送乘客的固定电力驱动设备。

（3）倾斜角

梯级、踏板或胶带运行方向与水平面构成的最大角度。

（4）自动扶梯提升高度

自动扶梯进出口两楼层板之间的垂直距离。

（5）自动扶梯额定速度

自动扶梯设计所规定的空载速度。

（6）理论输送能力

自动扶梯或自动人行道，在每小时内理论上能够输送的人数。

（7）扶手装置

在自动扶梯或自动人行道两侧，对乘客起安全防护作用，也便于乘客站立扶握的部件。

（8）扶手带

位于扶手装置的顶面，与梯级踏板或胶带同步运行，供乘客扶握的带状部件。

（9）扶手带入口保护装置

在扶手带入口处，当有手指或其他异物被夹入时，能使自动扶梯或自动人行道停止运行的电气装置。

（10）扶手带断带保护装置

在扶手带断裂时，能使自动扶梯或自动人行道停止运行的电气装置。

（11）护壁板、护栏板

在扶手带下方，装在内侧盖板与外侧盖板之间的装饰护板。

（12）围裙板

与梯级、踏板或胶带两侧相邻的金属围板。

（13）围裙板安全装置

当梯级、踏板或胶带与围裙板之间有异物夹住时，能使自动扶梯或自动人行道停止运行的电气装置。

（14）内侧盖板

在护壁板内侧连接围裙板和护壁板的金属板。

（15）外侧盖板

在护壁板外侧外装饰板上方，连接装饰板和护壁板的金属板。

（16） 外装饰板

从两外侧盖板起，将自动扶梯或自动人行道封闭起来的装饰板。

（17） 桁架、机架

架设在建筑结构上，供支撑梯级、踏板、胶带以及运行机构等部件的金属结构件。

（18） 中心支撑；中间支撑；第三支撑

在自动扶梯两端支撑之间，设置在桁架底部的支撑物。

（19） 梯级

在自动扶梯桁架上循环运行，供乘客站立的部件。

（20） 梯级踏板

带有与运行方向相同齿槽的梯级水平部分。

（21） 梯级踢板

带有齿槽的梯级垂直部分。

（22） 梯级、踏板塌陷保护装置

当梯级或踏板任何部位断裂下陷时，使自动扶梯或自动人行道停止运行的电气装置。

（23） 驱动链保护装置

当梯级驱动链或踏板驱动链断裂或过分松弛时，能使自动扶梯或自动人行道停止运行的电气装置。

（24） 梯级导轨

供梯级滚轮运行的导轨。

（25） 梯级水平移动距离

为使梯级在出入处有一个导向过渡段，从梳齿板出来的梯级前缘和进入梳齿板梯级后缘的一段水平距离。

（26） 踏板

循环运行在自动人行道桁架上，供乘客站立的板状部件。

（27） 胶带

循环运行在自动人行道桁架上，供乘客站立的胶带状部件。

（28） 楼层板

设置在自动扶梯或自动人行道出入口，与梳齿板连接的金属板。

（29） 驱动组机，驱动装置

驱动自动扶梯或自动人行道运行的装置。

（30） 梳齿板安全装置

当梯级、踏板或胶带与梳齿板碰撞卡入异物有可能造成事故时，能使自动扶梯或自动人行道停止运行的电气装置。

（31） 附加制动器

当自动扶梯提升高度超过一定值时，或在公共交通用自动扶梯或自动人行道上增设的一种制动器。

（32） 主驱动链保护装置

当主驱动链断裂时，能使自动扶梯或自动人行道停止运行的电气装置。

（33）非操纵逆转保护装置

在自动扶梯或自动人行道运行中，非人为地改变其运行方向时，能使其停止运行的装置。

（34）超速保护装置

自动扶梯或自动人行道运行速度超过限定值时，能自动切断电源装置。

（35）手动盘车装置、盘车手轮

人力使驱动装置转动的专用手轮。

（36）检修控制装置

利用检修插座，在检修自动扶梯或自动人行道时的手动控制装置。

8.3　自动扶梯的结构原理

8.3.1　自动扶梯的结构组成及原理

自动扶梯由骨架、驱动装置、扶手装置、上下链轮、梯级和梯级链、安全装置、梳齿前沿板、扶手栏杆、润滑系统及电气控制等部件组成。具体见图 8-14。

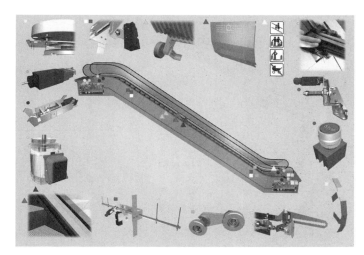

图 8-14　自动扶梯结构组成示意图

自动扶梯是一种由电力驱动的、连续运动的人员输送设备，适用于垂直交通繁忙的场合，在这些场合中，电梯的运送能力已无法满足其需求。

自动扶梯具有 8 个系统，包括：

① 驱动系统；

② 梯路系统；

③ 梯级链；

④ 扶手系统；

⑤ 梯级系统；

⑥ 楼层板（含梳齿）；

⑦ 电气控制系统（含安全保护）；

⑧ 桁架。

本节主要介绍梯级系统、梯路系统、桁架、驱动系统、梯级链、楼层板和扶手系统。

桁架由钢管或角铁组成，它连接上、下两个端站，所有的机械部件和扶手系统都安装在桁架上。梯级两侧装有梯级链。驱动马达通常安装在自动扶梯的上平台，通过梯级链带动梯级运动。梯级随梯级链连续不断地在一个闭环回路导轨中转动。扶手扶栏安装在骨架上，给乘客提供移动的扶手，并与梯级的运动保持同步。扶手扶栏的侧面一般由玻璃和钢结构制成。位于上平台的马达沿着安装在桁架上的导轨拖动梯级链运行，梯级链依次拖动梯级向上或向下运动。

8.3.2 梯级系统

梯级是供乘客站立的特殊结构型式的四轮小车（图 8-15），各梯级的主轮轮轴与曳引链活套在一起，这样可以做到梯级在上分支保持水平，在下分支进行翻转。

由于梯级数量多，又是运动部件，因此自动扶梯性能和质量的好坏很大程度上取决于梯级的质量和性能。目前，梯级绝大多数采用铝合金材料压铸而成，也有采用不锈钢冲压而成的。

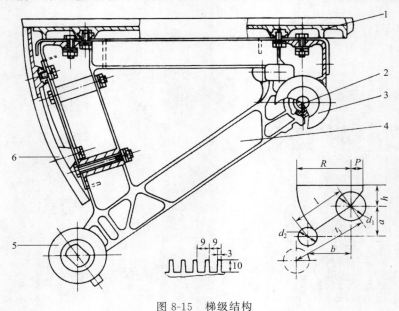

图 8-15 梯级结构
1—踏板；2—主轴；3—主轮；4—支架；5—辅轮；6—踢板

梯级从结构上分有整体式和组装式两种。对梯级结构型式起较大影响的几何尺寸是主、铺轮之间的基距。梯级其他尺寸的确定与梯路的设计、曳引链节距有关，其相关尺寸见图 8-15。

（1）梯级踏板

踏板表面应具有槽深≥10mm、槽宽为 5～7mm、齿顶宽为 2.5～5mm 的等节距齿形，其作用除防滑外，还使梯级顺利通过上、下出入口时能嵌入梳齿槽中，以保证乘客安全上下。

（2）梯级踢板

踢板的圆弧面是为两梯级在倾斜段运行中保证间隙一致而设计的。小提升高度的自动扶梯踢板要做成有齿槽的，其要求同踏板，这样可以使后一个梯级踏板的齿嵌入前一个梯级踢板的齿槽内。大提升高度的自动扶梯的踢板一般可做成光面。

（3）梯级主轮

梯级主轮的特点是工作转速不高，但工作负载却很大，外形尺寸又受到限制（直径为

70～100mm）。它的运转平稳性和噪声大小对整机性能影响很大。

决定主轮使用寿命的主要因素是承载轮压的大小，而影响承载轮压的因素在于轴承轮圈材料及主轮成形工艺。我国目前的轮圈材料已从丁腈橡胶向聚氨酯材料过渡，并且提升高度在 6000mm 以下的梯级主轮已取代曳引链金属滚子，使梯级运行更加平稳，噪声更小。

主轮的最大许用轮压，与主轮转速有关：

当 $n \leqslant 100r/min$ 时，许用轮压 $[p]=4.9kPa$；

$n>100r/min$ 时，许用轮压 $[p]=4.4kPa$。

（4）梯级支架

梯级支架一般为铝合金压铸件，梯级主轴从支架中穿过，梯级主轴与支架有几种不同的连接方式：

① 对开轴承盖式的支架盖式；

② 整体尼龙轴套式；

③ 锥套用圆柱销固定式。

它们的共同特点是装拆方便，允许梯级在驱动端和张紧端翻转时有微量的转动。

（5）梯级支撑板

梯级支撑板在组装式梯级中起到把踏板、踢板、支架连接在一起的作用，一般采用厚度为 2～3mm 钢板压制成形；而整体式梯级不需要支撑板，故重量减轻约 1/3。

（6）梯级主轴

梯级主轴起到与曳引链连接带动梯级运行的作用。为减轻重量，多采用空心钢管，也有采用两短轴连接梯级，与主轮的两支架中间不用钢管连接的。

梯级的几何尺寸见表 8-1。

表 8-1 梯级几何尺寸 mm

l	a	b	d_1	d_2	t_j	R	P	n
310～350	180～2000	260～280	70～180	70～120	≈400	$t_j-(4\sim6)$	65～80	100～130

8.3.3 梯路系统

自动扶梯的梯路系统包括主、辅轮的全部导轨、反轨以及相应的支撑物等。梯路系统的作用是保证梯级按一定的轨迹运行，保证乘客上下安全，运行平稳，并支撑梯路的负载，防止梯级跑偏。因此梯路系统的设计是自动扶梯的关键之一。

（1）梯路轨迹

梯路是个封闭的循环系统，分成上分支和下分支。上分支用于运输乘客，是工作分支；下分支是返程分支，非工作分支。图 8-16 为自动扶梯梯路各区段划分图。

上分支由以下区段组成：7～8 为下水平区段，8～9 为下曲线区段，9～10 为直线区段，10～11 为上曲线区段，11～12 为上水平区段。

为了使乘客顺利登梯，梯级在上分支必须保证下列条件：

① 梯级在上分支各个区段应严格保持水平，且不绕自身轴转动；

② 梯级在直线区段内各梯级应形成阶梯状；

③ 梯级在上、下曲线段各梯级应有从水平到阶梯状态的逐步过渡过程；

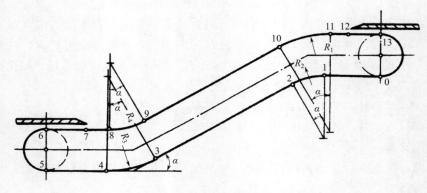

图 8-16　自动扶梯梯路各区段划分图

④ 相邻两梯级间的间隙在梯级运行过程中应保持恒值，它是保证乘客安全的必备条件。梯路的下分支，由于不载客，上述条件可以不做要求。

（2）梯路导轨系统

导轨系统的设计不但要保证上述梯路设计参数的要求，还应使工作面光滑、平整、耐磨，且有一定的尺寸精度。表 8-2 列出国内目前自动扶梯的配置情况，仅供参考。

导轨相当于多跨度的连接梁，在水平段和直线段内每个梯级主轮、辅轮的轮压由自重、乘客体重、该段曳引链条重量组成；而曲线区段除上述重量外，还需增加曳引链条通过此段时由张力分量所附加的载荷。

表 8-2　自动扶梯各轨道配置情况

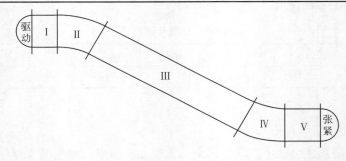

提升高度	轨道名称	区段代号							
		驱动端	I	II	III 上分支	III 下分支	IV	V	张紧端
小提升高度	主轨	—			√	√			√
	主反轨	—			—	—			—
	辅轨				√	√			√
	辅反轨	√	√	√	—	—	√	√	√
	防跳轨	—			√				—
	主轮防偏轨	√				√			√

提升高度	轨道名称	区段代号							
		驱动端	I	II	III 上分支	III 下分支	IV	V	张紧端
大中提升高度	主轨	—				√			
	主反轨				√	—			
	辅轨	√	√	√		√	√	√	√
	辅反轨				—				
	防跳轨					√			
	主轮防偏轨	√				√			√

导轨所承受的水平载荷是由梯级跑偏而形成的，一般很小，可不计。

为了准确地保证各导轨间的尺寸一致性，在直线区段一般做成若干块支撑板，把同一侧有关的导轨安装在同一支撑板上，利用导轨组装工装固定到金属骨架上。而驱动端和张紧端则把上分支的上水平导轨和上曲线导轨弯制成一根导轨，把下分支的下水平导轨和下曲线导轨也弯制成一根导轨。这样，驱动端自上而下排列有上分支主反导轨、上分支主导轨、上分支辅反导轨、上分支辅导轨、下分支辅反导轨、下分支辅导轨、下分支主反导轨、下分支主导轨，共8根。张紧端自上而下排列也有同样的8根。其区别在于曲率半径 R 和水平长度不相同。如图8-17所示。

目前，两端的导轨有两种安装方法：一种同直线段导轨固定方法一样，利用若干块支撑板固定到金属桁架上；另一种方法是利用一块鱼形板，把8根导轨焊在鱼形板上，分别成为上鱼形板组件和下鱼形板组件，然后利用工装固定到金属骨架上。由于8根导轨是利用工装保证其一致性，在焊接中要严格控制焊接变形，才能达到预期的目的。

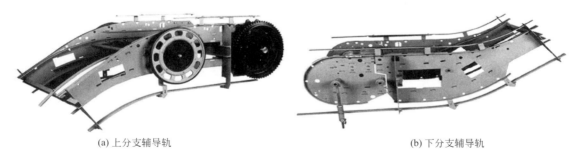

(a) 上分支辅导轨 　　　　　　　　　　　　　　　(b) 下分支辅导轨

图8-17　自动扶梯上下支辅导轨

在两端曳引链条转向处，导轨要做成喇叭口。为了减小振动噪声，驱动端的主轨应做成与曳引链轮齿根圆半径相近的圆弧，在超出链轮中心1～2个齿的地方去接近梯级主轮的到来。应尽量避免曳引链轮与主轨由于加工、安装尺寸的差异发生有节奏的撞击声。

在两曳引链条转向处，辅轮的转向壁的槽宽应约大于辅轮直径0.2～0.4mm，过大也极易在转向时发生有节奏的撞击声。

导轨材料采用冷拉扁钢，近期大量采用多品种多规格的冷拉异型材，并有取代冷拉角钢的趋势。

8.3.4 桁架

自动扶梯的金属骨架是个桁架结构，按节点载荷进行设计计算，要求结构紧凑，留有装配和维护空间。有两种主材的结构型式：一种采用热扎型 125mm×80mm×10mm 角钢作为主梁角钢，6、3 号槽钢作为主材；另一种采用 110mm×80mm×10mm 异型矩形管材作为主梁，80mm×60mm×10mm 异型矩形管材作为主材。

桁架的变形应力分布计算机模型见图 8-18。

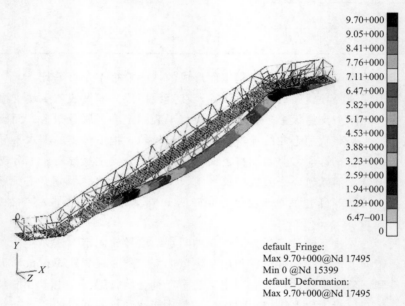

default_Fringe:
Max 9.70+000@Nd 17495
Min 0 @Nd 15399
default_Deformation:
Max 9.70+000@Nd 17495

图 8-18　桁架的变形应力分布计算机模型

自动扶梯的桁架（图 8-19）都采用焊接方法进行拼装，其焊接的变形量和焊缝质量至关重要。控制和消除变形，常规做法采用自然时效，但时间很长，占地多，不允许这样做。目前，国内有些厂家采用振动时效方法消除焊接后的残余应力，效果相当不错。

自动扶梯的桁架是自动扶梯内部结构的安装基础，它的整体刚性及局部刚性的好坏直接影响扶梯的性能，所以要求挠度控制在两支撑距离 1/750 范围内。对于公共型自动扶梯，要求控制在两支撑距离的 1/1000 范围内。

对于中、大提升高度的自动扶梯，其驱动装置应单独设立机房。金属骨架常采用多段结合式结构，而且在下弦杆处有一系列支撑，形成多支撑结构。

对于小提升高度的自动扶梯桁架，只要运输、安装条件许可，一般把驱动段、中间段、张紧段三段骨架在厂内拼装在一起或焊成一体。两端利用承载角钢支撑在建筑物的大梁上，形成两端支撑结构。

自动扶梯金属结构的两端支撑在建筑中不同层楼楼板的承重结构上。为避免扶梯运行的振动与噪声在建筑内传播，自动扶梯金属结构与建筑物不应直接接触，一般用隔振的材料进行隔离。支撑结构如图 8-20 所示，图中尺寸 D 为桁架宽度。

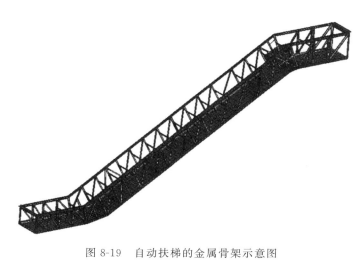

图 8-19　自动扶梯的金属骨架示意图

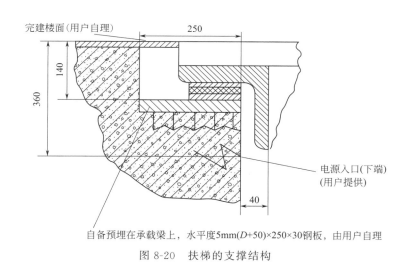

完建楼面(用户自理)

电源入口(下端)
(用户提供)

自备预埋在承载梁上，水平度5mm(D+50)×250×30钢板，由用户自理

图 8-20　扶梯的支撑结构

8.3.5　驱动系统

(1) 驱动装置结构

　　常规自动扶梯驱动装置由减速箱、电动机、制动器、带轮及三角皮带等部件组成。电动机通过支架固定在减速箱上方，在电机轴上装有带轮和飞轮，通过三角皮带将动力传至减速箱。具体见图 8-21。

　　驱动装置是整台扶梯的动力源，也是主要振动噪声源，它的性能直接影响扶梯的性能。它包括电动机、减速器、中间传动件、制动器、驱动链轮及驱动链条几个部分，见图 8-22。

　　驱动装置的安装方式分直立式和卧式两种。它的连接形式分直连式和分装式两种，连接方式分刚性连接和挠性连接两种。

　　驱动装置一般放置在桁架的上端（大中提升高度配有机房的除外），因为位置限制较严，

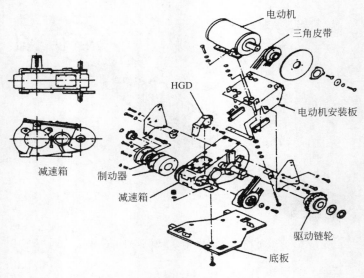

图 8-21　驱动装置结构

图 8-22　驱动装置示意图

所以要求结构紧凑（图 8-23）。

（2）电动机

电动机采用笼型异步电动机。过去常采用 Y 系列电动机，由于噪声过大，不能满足现代自动扶梯的需要，日趋淘汰。国内已经有厂家试制出低噪声、大启动转矩的 YZTD160L 系列电动机，已批量生产 8kW、11kW、15kW 电动机，代替进口产品。

（3）减速器

阿基米德蜗杆减速器由于准效率低、噪声大，已被淘汰。齿轮减速器国内没有生产出低噪声的，只在大提升高度的自动扶梯上采用，国外进口自动扶梯上有采用的。针轮减速器由于效率高、体积小，前几年被广泛采用，但因噪声大，使用寿命短，而日趋淘汰。国内外现在广泛采用圆弧柱蜗杆（也称尼曼蜗杆）减速器和平面双包络蜗杆减速器，它们承受负载的

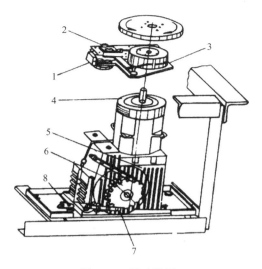

图 8-23 驱动装置
1—堵转力矩电动机；2—小齿轮；3—制动带；4—电动机；
5—减速器；6—链轮；7—传动链；8—偏心轮

能力大、效率高、噪声低，特别是平面双包络蜗杆减速器，其承载能力是阿基米德蜗杆的 4 倍。

（4）制动系统

自动扶梯的制动系统包括工作制动器和附加制动器。

工作制动器一般装在电动机高速轴上，在动力电源或控制电源失电时，能使自动扶梯经过一个几乎是匀减速的制停过程使其停止运行，并保持停止状态。

工作制动器应使用常闭式的机电制动器，其控制至少应有两套独立的电气装置来实现，这些装置还应能中断驱动主机的电源。如果扶梯停车以后，电气装置中任一个没有断开，则扶梯将不能重新启动。若能用手动释放制动器，必须由手的持续力才能保持制动器的松开状态。

自动扶梯在空载和有载两种工况下运行时，制停距离应符合如表 8-3 的要求。

表 8-3 制停距离

额定速度	制停距离范围
0.5m/s	0.20～1.00m
0.65m/s	0.30～1.30m
0.75m/s	0.40～1.50m

而有载工况的制动载荷是按自动扶梯的梯级宽度 Z_1 来确定每个梯级的载荷：

$Z_1 \leqslant 0.6$m 时为 60kg；

0.6m$< Z_1 \leqslant 0.8$m 时为 90kg；

0.8m$< Z_1 \leqslant 1.1$m 时为 120kg。

自动扶梯常用的工作制动器有块式制动器、带式制动器和电磁制动器。

块式制动器的制动力是径向的，制动块是成对作用的，制动时不受弯曲载荷。这种制动器构造简单，制造和安装都很方便，在自动扶梯上使用较多。

带式制动器其制动摩擦力是依靠张紧的钢带在制动轮上的压力产生的，在钢带内有摩擦衬垫。在工作时，堵转力矩电动机通电转动，通过小齿轮带动齿条移动而松开钢带，并保持松开的状态。断电时堵转力矩电动机失电，在制动弹簧的作用下，齿条反向使制动带抱紧制动轮，同时堵转力矩电动机也回复到原来状态。

电磁制动器由芯体、线圈、衔铁、摩擦片、外片、花键套及防尘罩等部件组成。摩擦片通过花键套与减速箱的输入轴连接，衔铁可在轴向移动。当线圈失电时，在弹簧力的作用下衔铁和外片挤压摩擦片，产生制动力（有的扶梯电磁制动器为失电型制动器，当主回路失电后通过摩擦力刹住电动机的转动惯量），因此主回路不失电，制动器意外失电或维持电压大幅降低时，易造成制动器过热损坏，见图 8-24。

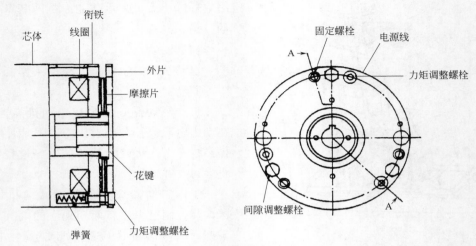

图 8-24　电磁制动器

（5）驱动链条

驱动链条大多数采用标准多排套筒滚子链，安全系数＞5。如果采用 V 带时，安全系数＞7，且不少于 3 根。

为使各齿均匀磨损驱动链轮，应优选下列齿数：17、19、21、23、25、38、57、76、95、114。

8.3.6　梯级链

（1）梯级链

自动扶梯的梯级链是传递牵引力的主要构件，一般采用套筒滚子链结构，也有采用齿条式结构的，齿条式结构不在此叙述。目前也有大量采用梯级主轮（直径 70～100mm）替代套筒滚子链中的金属滚子，见图 8-25。

由于两根梯级链条长度偏差会在运行中造成梯级的偏斜，故对此要进行配对处理。一般要求：

① 同一链节上孔距差 ≤0.02mm 且选配组装；

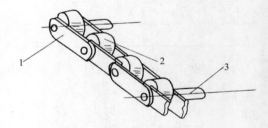

图 8-25　梯级链
1—外链板；2—梯级主轮；3—连接销轴

② 在 5000N 预紧力下，测量左右对称的两段链长，其同步误差≤0.04mm，测量长度为两个 t_j。

节距 t 是梯级链条的主要参数，它决定了两梯级主轮间的距离 t_j。目前，两梯级主轮间的节距有公制和英制之分，公制采用 400mm，英制一般采用 406.4mm。曳引链条节距应满足 $mt＝400～406.4mm$ 关系，m 为相邻两梯级间的链节数，因此，节距 t 有 50.8、67.7、100、101.6、133.3、135.5(mm) 几种。

由于梯级链条的可靠性很大程度上决定扶梯的可靠性，所以每根梯级链条安全系数必须＞5。大提升高度除满足安全系数＞7外，还必须配置防折叠的结构，见图 8-26。

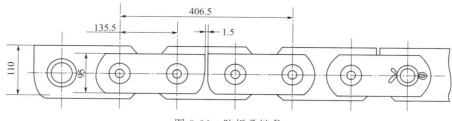

图 8-26 防折叠链条

如果梯级主轮在梯级链条里，则主轮的耐疲劳性能必须满足扶梯运转性的要求。一般疲劳试验条件为：

① 主轮转速 0.8m/s；

② 对主轮的作用力 1500～2000N；

③ 连续运转时间 270h；

④ 主轮不发生脱壳、裂纹及其他永久性变形现象。

（2）驱动主轴

装曳引链轮的轴称为驱动主轴。主轴由一对曳引链轮、扶手驱动链轮、与减速器相连的多排滚子链的链轮等组成，见图 8-27。

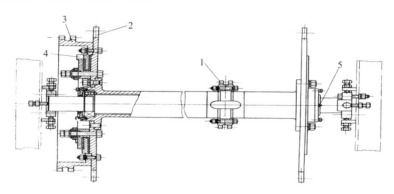

图 8-27 驱动主轴

1—扶手带驱动链轮；2—曳引链轮；3—双排驱动链轮；4—紧急制动器；5—油嘴

当曳引链条采用小节距的套筒滚子链时，其曳引链轮的端面齿形采用标准的三圆弧一直线凹形齿形；当采用大节距链条，其金属滚子由梯级主轮替代时，链轮端面齿形采用直线-圆弧齿形，其齿顶圆直径可以减小尺寸，只要约大于节圆直径 10～15mm 即可。

两曳引链轮必须配对组装，不然梯级运行时要造成歪斜现象。

自动扶梯的曳引链轮一般为整体式，但也有把此链轮做成轮毂和轮箍两体。而轮箍由若干小块拼成，在轮箍的外圆上面滚齿，然后用螺栓连接起来组成链轮，这样便于对齿面进行淬火处理及磨损后更换。

在提升高度超过 6m（包括 6m）情况下，必须设置紧急制动器，直接作用于驱动主轴上，一般利用摩擦原理来进行制动。

（3）张紧装置

张紧装置的作用是使自动扶梯的梯级链条获得恒定的张力，以补偿在运转过程中梯级链条的伸长。

目前大多数自动扶梯须采用压簧张紧装置。这种结构型式的张紧轴的两端各装有V形滑块，在V形滑块的V形槽内装有钢球，可定向滑动，借助弹簧力的作用使梯级链条获得足够的张力。梯级辅轮在转向壁内运行。一种形式是转向壁与辅轨连接在一起，当梯级链条在张紧轮上滚动时，梯级辅轮在转向壁内运行。当张紧位置发生变化时，转向壁并不随之移动，梯级以它翻转时倾斜角度的不同来适应位移的要求，从而达到张紧的目的。见图8-28。

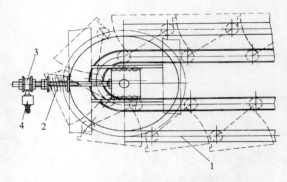

图 8-28　张紧装置示意图

1—曳引链条；2—压簧；3—碰块；4—行程开关

另一种形式是转向壁与辅轨不连接在一起。当张紧位置发生变化时，转向壁和主轨一起随位置变化而变化，而辅轨和主轨的接口利用叉口的形式进行过渡。

8.3.7　楼层板

为了确保乘客上、下自动扶梯的安全，必须在自动扶梯进出口处楼层板上设置梳齿前沿板，它包括前沿板、梳齿板、梳齿三个部分，见图8-29。

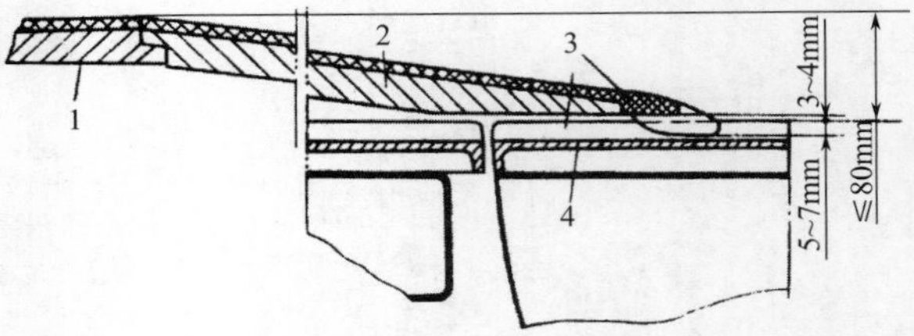

（1）前沿板

前沿板上表面就是地平面的延伸。为保证乘客安全，高低不能发生差异。它与梯级踏板上表面的高度差应≤80mm。

图 8-29　梳齿前沿板示意图

1—前沿板；2—梳齿板；3—梳齿；4—梯级踏板

（2）梳齿板

梳齿板的一边支撑在前沿板上，另一边作为梳齿的固定面。它的水平倾角≤10°。梳齿板的结构应为可调式，以保证梳齿的啮合度≥6mm。梳齿板的形状如图8-30所示。

（3）梳齿

梳齿的齿应与梯级的齿槽相啮合，齿的宽度不小于2.5mm，端部修成圆角，做成在啮合区域不至于发生夹脚等危险情况的形状，它的水平倾角不超过40°。

梳齿的强度既要能承受乘客脚踏、脚踢等载荷，又要低于踏板齿的强度。当异物卡入时，产生不影响正常啮合的变形，甚至梳齿的齿发生断裂。梳齿是易损件，要求更换安装方便。

图 8-30　梳齿板

8.3.8 扶手系统

扶手装置的一个功能是供站立在梯级上的乘客安全乘梯之用，另一个功能是装潢自动扶梯乃至整个商场。

扶手装置由护壁板，围裙板，内、外盖板，斜盖板，扶手带及传动系统等组成。见图 8-31。

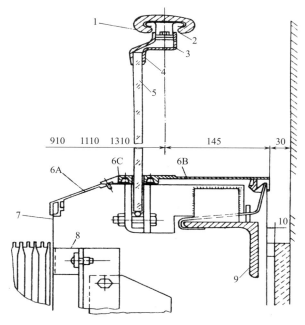

图 8-31 垂直扶手装置

1—扶手带；2—扶手带导轨；3—扶手支架；4—玻璃垫条；5—钢化玻璃；6A—斜盖板；
6B—外盖板；6C—内盖板；7—围裙板；8—安全保护装置；9—护壁板

（1）护壁板

护壁板分成透明和不透明两种：透明的护壁板一般用 $\delta=10$mm 的钢化玻璃制成，适用于小高度自动扶梯；不透明的护壁板一般用 $\delta=1\sim2$mm 的不锈钢板制成，适用于大、中高度自动扶梯。

（2）围裙板，内、外盖板，斜盖板

它们是自动扶梯运行的梯级与固定部分的隔离板，保护乘客的乘梯安全。

围裙板一般采用 $\delta=1\sim2$mm 的不锈钢板制成，它与梯级的单边间隙小于 4mm，两边间隙之和小于 7mm。

内、外盖板，斜盖板一般采用铝合金型材或不锈钢板制成。在上、下水平段与直线段的拐角处，有的采用圆弧过渡，有的采用折角过渡。

（3）扶手支架

在护壁板上方支持扶手带的金属支架称为扶手支架。它是由铝合金挤压件或不锈钢板滚压而成的。大型铝合金扶手支架型材适用于中、大提升高度；小型铝合金扶手支架型材适用于小提升高度；不锈钢扶手支架型材适用于豪华型小提升高度自动扶梯。在铝合金型材的扶手支架内可配置扶手照明（图 8-32）。

（4）扶手带

它是边缘向内弯曲的封闭型橡胶带制品，外层是丁腈橡胶层，中间层是多股钢丝或薄钢带，里层是帆布或锦纶丝制品。这种扶手带既有一定的抗拉强度，又能承受上万次的弯曲。目前，扶手带已有多品种、多规格、多种颜色可供选择，见图 8-33 和表 8-4。

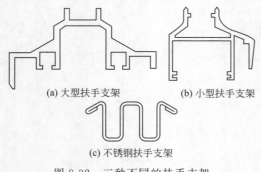

(a) 大型扶手支架　　　(b) 小型扶手支架

(c) 不锈钢扶手支架

图 8-32　三种不同的扶手支架

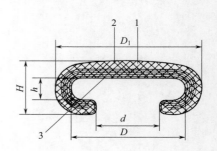

图 8-33　扶手胶带剖面
1—橡胶层；2—钢丝层；3—帘布层

表 8-4　扶手带型号规格表　　　　　　　　　　　　　　　　　　mm

代号	尺寸	型号				
		XF	SWE	SDS	J	OTIS
厚度	H	33±1	34±1	28.5±1.5	27	35.5±1
	h	14	12	10.6±0.8	10	16.5±0.3
宽度	D_1	82+2	82	82+2	82	83
	D	64	60	62+2	62.3	64±0.5
	d	35+2	33	39+2	41±1.5	38±1

（5）扶手带传动系统

扶手带的带速与梯级的速度应保持同步，按规定，允差为 0～+2％。扶手带与梯级为同一驱动装置驱动，通过驱动主轴上的双排驱动链轮将动力传递给扶手带驱动轴上。扶手带驱动方式目前有两种：一种为直线压带式，见图 8-34；另一种为大包轮圆弧压带式，见图 8-35。圆弧压带式还分压带力作用于扶手带外表面和内表面两种。圆弧压带式的压带为多楔形的环形橡胶带，或采用压轮张紧链形式。

扶手带整条圆周长度少则十几米，多则上百米，所需的驱动力也相当大。为了减小摩擦力，必须在直线段有扶手带导向件给予支撑和减少摩擦；在扶手带转向处，改滑动摩擦为滚动摩擦；在扶手带返程区域内全部增加导向条，以减少由于扶手带抖动和弯曲而增加的运动阻力。

扶手带驱动链条由于结构的限制，往往比较长，特别是直线压带式传动机构。为了降低噪声和增加运转平稳性，应在链条的最长悬臂区域设置导向机构。

在扶手装置的设计中各参数必须执行规范，在此列出 EN115-1 标准中所规定的参数值供参考，见图 8-36。

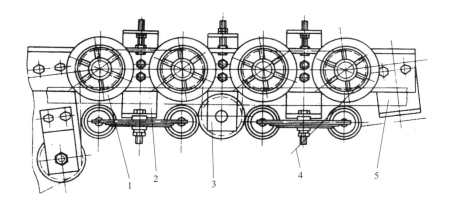

图 8-34　直线压带式传动图

1—上滚轮；2—压带机构；3—传动链条张紧机构；4—传动链条；5—扶手带

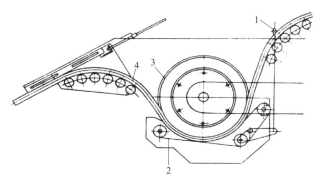

图 8-35　圆弧压带式传动图

1—压紧皮带调节杆；2—多楔带；3—摩擦轮；4—扶手带

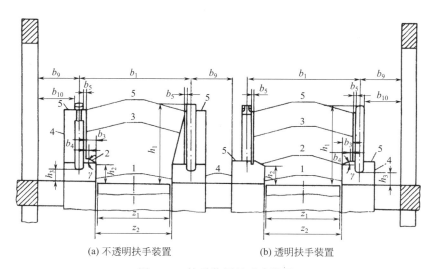

(a) 不透明扶手装置　　　　　(b) 透明扶手装置

图 8-36　扶手装置尺寸参数图

1—围裙板；2—内盖板；3—护壁板；4—外装饰板；5—外盖板

图中，z_1 为自动扶梯的名义宽度；z_2 为围裙板间距；h_1 为扶手带上表面至踏板上表面的垂直距离，$0.9\text{m} \leqslant h_1 \leqslant 1.10\text{m}$；$h_2$ 为内盖板折线底部与踏板上表面的垂直距离，$h_2 \geqslant 25\text{mm}$；$h_3$ 为扶手带转向端入口与地平面的垂直距离，$0.1\text{m} \leqslant h_2 \leqslant 0.25\text{m}$；$\gamma$ 为内盖板与水平面的倾斜角，$\gamma \geqslant 25°$；b_1 为扶手带中心线之间的距离，$b_1 \leqslant z_2 + 0.45\text{mm}$；$b_3$ 为内盖板的水平距离，当 $\gamma < 45°$ 时，取 $b_3 < 0.12\text{mm}$；b_4 为内盖板的水平距离，$b_4 < 30\text{mm}$；b_5 为扶手带与扶手支架边缘之间的距离，$b_5 < 50\text{mm}$；b_9 为扶手带中心线与障碍物之间的距离，$b_9 < 0.5\text{mm}$；b_{10} 为扶手带外缘与其他障碍物之间的距离，$b_{10} < 80\text{mm}$。

8.4　自动扶梯电气安全保护装置

因自动扶梯或自动人行道运行空间不是封闭式结构，在运行过程中易与乘客或维修人员引发各种安全事故，如惯性滑行失控、挤夹、跌倒及坠落等事故。由此，自动扶梯除在结构设计提高安全性外，还设置了各种安全保护装置，并以电气控制与电子安全监测的方式对自动扶梯的运行实施全方位安全控制。安全保护（监测）装置或电气（电子）安全设计，构成了自动扶梯的安全系统。

8.4.1　安全保护装置功能

自动扶梯安全装置较多，即将各种安全装置串联在一起，形成其安全回路，则直接对自动扶梯的电机、接触器等电源进行控制，这样，既使控制系统中微机本身出现故障，系统也能安全制动。下面介绍自动扶梯必须配置的安全装置。

（1）驱动链安全装置

直接驱动梯级、踏板或胶带的链条或齿条断裂或过分伸长，扶梯停止。应防止启动。如果驱动链断裂或者发生过分伸长时，该装置将切断驱动电动机和制动器的电源，并以机械方式阻止自动扶梯向下。

（2）梯级链安全装置

驱动装置（主轴）与转向装置（张紧装置）之间的距离伸长或缩短，扶梯停止。如果梯级链断裂或者发生过分伸长时，该装置将切断驱动电动机和制动器的电源。

（3）扶手带入口安全装置

扶手带入口夹入异物，扶梯停止。如果有异物卡入扶手入口处，该装置将立即切断驱动电动机及制动器的电源。

（4）超速及逆转安全装置

超速或运行方向的非操纵逆转，扶梯停止。故障未排除扶梯不能启动。限速装置安装在减速箱的输入轴上，在自动扶梯运行速度过快时，限速装置将动作，并切断驱动的电动机及制动器的电源。

（5）梯级下陷安全装置

梯级或踏板的塌陷或断裂，扶梯停止。应防止启动。

（6）梳齿板安全装置

梯级、踏板或胶带进入梳齿板处有异物夹住，扶梯停止。

（7）楼层板安全装置

打开桁架区域的检修盖板或移出或打开楼层板，扶梯停止。

（8）附加制动器

该装置安装于上部机房，在自动扶梯运行速度超过额定速度的 140％ 以前，或低于额定速度的 20％ 时，附加制动器将制停自动扶梯（提升高度超过 6m；公共交通型不提高度要求）。

（9）制动距离监测安全装置

超出最大允许制停距离 1.2 倍，扶梯停止，应防止启动。

（10）扶手带速度监控装置

扶手带速度偏离梯级、踏板或胶带的实际速度超过 −15％，且持续时间超过 15s，扶梯将停止运行。

（11）梯级缺失监测装置

监测扶梯在运行时是否存在梯级缺失现象。当发现缺失梯级或踏板，使扶梯停止运行。应防止启动。

（12）制动状态检测开关（启动测试保护）

扶梯启动后，制动系统未释放时，扶梯停止。应防止启动。

（13）过载安全装置（主电机超载保护）

电动机过载时，（通过自动断路器）使扶梯停止，故障未排除不能启动。

（14）其余方面

具有主制动器保护、主电源短路漏电保护、主电源错相断相保护、围裙保护开关、紧急停止按钮、围裙板刷、梯级黄色边框、梯级间隙照明、静电摩擦保护等。上述安全保护装置为普通型自动扶梯按照 GB 16899—2011 的规定。

8.4.2　公交型扶梯安全保护要求

对于公共交通型自动扶梯由于载荷大、工作环境较复杂，因此，除了普通型扶梯通常要求外，还需要增加以下几项规定及要求。

（1）增加附件制动器动作要求

规定要求驱动链断链时，应使附件制动器动作。即当驱动链一旦断链，主驱动轴与驱动主机之间便失去了联系，工作制动器（主制动器）的制动已对扶梯失去作用，此时，应立即触发附件制动器，在超速发生之前（扶梯下行）或逆转刚出现时（扶梯上行时），应使扶梯立即停止。

（2）增加梯级运行安全装置

当梯级运行到上下转弯段时，两个相邻梯级在垂直方向将产生高度差的变化。如有乘客带有轮子的行李车卡入两个梯级之间，此时梯级不能完成平层过程，就会碰撞梳齿板，造成乘客失稳跌倒和设备损坏事故，所以有必要配置梯级运行安全装置。当两个相邻梯级在垂直方向的运行发生异常时，应使扶梯停止。

（3）增加扶手带断带保护装置

公交型扶梯由于客流量大，扶手带承受的来自乘客扶手的拉力也大，为了防止扶手带一旦断裂扶梯继续运行造成危险，则要求安装扶手带断带保护装置。当扶手带发生断裂时，扶梯应立即停止。

8.4.3 安全保护装置

无论是普通型扶梯还是公交型扶梯，都具有 20 个以上的安全保护装置。图 8-37 所示为某扶梯安全保护装置布置图。

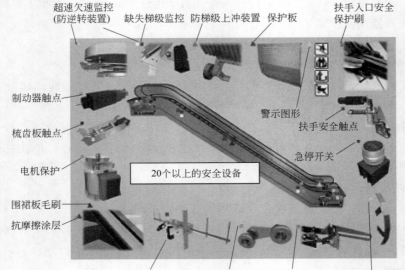

图 8-37 安全保护装置布置示意图

【思考题】

8-1 简述自动扶梯的定义。

8-2 简述自动人行道的定义。

8-3 自动扶梯和自动人行道的分类方法有哪几种？

8-4 自动扶梯和自动人行道的主要参数有哪些？

8-5 自动扶梯和自动人行道的相邻区域要注意哪些事项？

8-6 自动扶梯和自动人行道执行的主要标准是什么？

8-7 简述自动扶梯的工作原理。

8-8 自动扶梯驱动系统由哪几部分组成？

8-9 简述制动器应注意哪些事项。

8-10 简述扶手系统的结构和特点。

8-11 简述梯级的组成。

8-12 简述梳齿板的结构。

8-13 简述梯级链的结构和张紧装置的特点。

模块九　液压电梯

【知识目标】

① 液压电梯可获得大的提升力，且机械效率较高，能耗较低。

② 液压电梯不需要在井道上方设立要求和造价高的机房。

③ 液压电梯驱动形式有多种，包括中心直顶驱动、单缸侧（后）置直顶驱动、双缸侧直顶驱动、侧（后）置背包式驱动、后置四导轨驱动等。

【能力目标】

① 了解液压电梯应用范围。

② 掌握液压电梯工作原理。

③ 了解液压电梯的驱动形式。

【知识链接】

9.1　液压电梯概述

9.1.1　液压电梯的用途

液压电梯是通过液压动力源，把油压入油缸使柱塞做直线运动，直接或通过钢丝绳间接地使轿厢运动的电梯。图 9-1 所示为液压电梯。

液压驱动的电梯是较早出现的一种驱动方式。早期的液压电梯的传动介质是水，即电梯上升时利用水压推动缸体内的柱塞顶升轿厢，下降时依靠溢流的方法使轿厢下行。但由于水压波动及生锈等问题难以解决，而后逐渐采用植物油或矿物油作为媒介来驱动电梯的柱塞做直线运动。由于液压电梯可获得大的提升力，且机械效率较高、能耗较低，因此对于短行程、重载荷的场合，使用液压电梯优点尤为明显。另外，液压电梯不必在楼顶设置机房，减小了井道竖向尺寸，有效地利用了建筑物空间，所以液压电梯应用前景较为宽广。目前液压电梯广泛用于停车场、工厂及低层地面建筑中。对于负载大、速度慢及行程短的场合，选用液压电梯比

图 9-1　液压观光电梯

曳引电梯更适合。

9.1.2 液压电梯的发展趋势

节能与环保是当今世界各行各业技术发展的趋势，液压电梯也毫不例外地向节能环保方面发展。液压电梯作为电梯中的一个重要梯种，在整个电梯市场上，尤其在欧美发达地区仍占有较高的市场份额，但是在"绿色产品"日益盛行的今天，液压电梯的"非绿色化"，以及装机功率大、能耗严重等缺点，已经成为制约其发展和应用的主要问题，所以如何降低液压电梯的装机功率和能量消耗，实现液压电梯的节能高效运行，并使新型电梯成为一种代替液压电梯的绿色产品，是当前液压电梯技术发展的重要方向。

9.2　液压电梯基本原理

9.2.1 液压电梯的构成

① 动力装置　液压泵站。
② 提升装置　液压油缸、滑轮组及钢丝绳。
③ 载客（货）装置　轿厢。
④ 导向装置　导轨等零部件。
⑤ 控制系统。

9.2.2 液压电梯的工作原理

液压电梯的工作原理如图 9-2 所示。

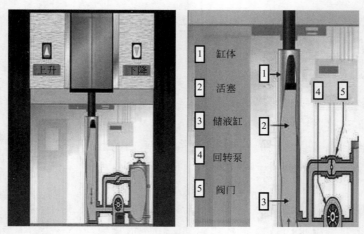

图 9-2　液压电梯的工作原理

① 电梯上行时，由液压泵站 4 提供电梯上行所需的动力压差，由液压泵站上的阀组控制液压油的流量，液压油推动液压油缸中柱塞来提升轿厢，从而实现电梯的上行运动。
② 电梯下行时，打开阀组中的溢流阀 5，利用轿厢自重（包括客、货的重量）造成的压差，使液压油回流液压油箱中，实现电梯的下行运动（由阀组控制速度）。

9.2.3　液压电梯的特点

（1）建筑方面

① 不需要在井道上方设立要求和造价高的机房。

② 机房设置灵活。液压传动系统是依靠油管来传递动力的，因此机房位置可设置在离井道 20m 内的范围内，且机房占有面积也仅 4~5m² 。

③ 井道结构强度要求低。由于液压电梯轿厢自重及载荷等垂直负荷均通过液压缸全部作用于井道地基上，对井道顶部的建筑性能要求不高。

（2）技术性能方面

① 安全性好，可靠性高。

② 载重能力大。液压电梯是靠液压千斤顶的原理来顶升轿厢的，可采用多个油缸同时作用提升超大载重的轿厢。

③ 噪声低。液压系统可远离井道设置，隔离了噪声源。

（3）使用维修方面

① 故障率低。对于直接作用式液压电梯，结构简单，故障率低。

② 救援方便。液压电梯下行时，靠自重产生的压力驱动，停电或故障时只需打开应急下降阀即可实现紧急救援。

（4）液压电梯的不足之处

① 提升速度在 1m/s 以下。

② 电机功率大。相比较曳引电梯而言，同吨位、同速度的电梯，液压电梯配置的电梯功率要比曳引电梯大 1 倍。

③ 提升高度受到油缸长度的限制。

④ 液压电梯的成本比较高。

（5）液压电梯应用场合

① 宾馆、办公楼、图书馆、医院、实验室、低层住宅。

② 车库、停车场的汽车电梯。

③ 需增设电梯的旧房改造工程。由于旧房的改建受原土建结构限制，配用液压电梯是最佳选择。

④ 古典建筑增设电梯不能破坏其外貌及内在风格，因此采用液压电梯也是较好的方案。

⑤ 商场、餐厅、豪华建筑一般选用观光梯，而观光电梯很多采用液压直顶式驱动。

⑥ 跳水台、石油钻井台、船舶等装置上。由于这些装置一般不能设置顶层机房且载重量大，因此液压电梯优势也较为明显。

9.3　液压电梯驱动形式

液压电梯驱动形式有多种，包括中心直顶驱动、单缸侧（后）置直顶驱动、双缸侧直顶驱动、侧（后）置背包式驱动、后置四导轨驱动、双缸侧置驱动、侧置倒拉式驱动、中心倒拉驱动、单缸侧置驱动等。下面就前五种驱动形式做简单介绍。

9.3.1 中心直顶驱动

中心直顶驱动形式如图 9-3 所示。油缸设置在轿厢底部中心的底坑内,直接作用于轿厢底部。

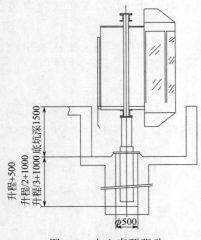

图 9-3 中心直顶驱动

(1) 适用范围

这种液压电梯驱动形式适用范围主要包括各种形态的观光电梯(图 9-1)、630～1250kg 的乘客电梯和 1000～5000kg 的载货电梯等。

(2) 主要特点

中心直顶驱动液压电梯驱动形式的主要优点为:

① 结构简单,安装方便;

② 稳定性好,运行平稳;

③ 处理大角度观光电梯具有独特的优势,符合审美的要求。

但这种电梯也存在一些明显的不足,其主要缺点为:

① 提升高度受到一定的限制;

② 油缸应埋入地下,土建要求高。

(3) 电梯配置的基本要求

① 土建要求

井道预留埋设油缸的孔深度要求:

a. 一级柱塞缸　升程＋500mm;

b. 二级同步伸缩缸　升程/2＋1000mm;

c. 三级同步伸缩缸　升程/3＋1000mm;

d. 埋设油缸孔需做防水处理。

② 其他要求　由于采用直顶式结构,在油缸上配置破裂阀的基础上,可以不设限速器与安全钳。

9.3.2 单缸侧(后)直顶驱动

单缸侧(后)直顶驱动结构型式如图 9-4 所示。油缸设置于轿厢侧(后)面,柱塞顶部直接作用于轿厢架上。平面布置如图 9-5 所示。

(1) 适用范围

载重量在 1250kg 以下的提升高度不高的所有类型电梯。

(2) 主要特点

单缸侧(后)直顶驱动形式液压电梯的主要优点为结构简单,安装方便。其存在的不足之处为:

① 提升高度受到限制;

② 背包架结构,导轨水平受力。

(3) 电梯配置的基本要求

① 土建要求　电梯的顶层高度与底坑深度除了要满足标准要求外,还需要满足如下

116

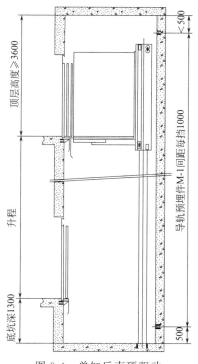

图 9-4　单缸后直顶驱动　　　　　　　　图 9-5　单缸后直顶驱动平面布置图

条件：

　　a. 对于一级柱塞缸，顶层高度＋底坑深度＋提升高度＋1000mm；

　　b. 由于导轨受侧向力，导轨支架的密度比较密，1m 一挡，需在井道壁埋设预埋件或圈梁。

　　② 其他要求

　　a. 由于采用直顶式结构，在油缸上配置破裂阀的基础上，可以不设限速器与安全钳。

　　b. 由于导轨上侧向力的影响，对导靴的要求比较高，一般使用滚轮导靴。

9.3.3　双缸侧直顶驱动

（1）结构型式

　　双缸侧直顶驱动结构型式如图 9-6 所示。在轿厢的两侧各设置一油缸，两柱塞顶部直接作用于轿厢架上。两导轨布置平面如图 9-7 所示。

　　双缸侧直顶驱动结构型式的液压电梯主要适用于：

　　① 1600～5000kg 的载货电梯；

　　② 各种汽车电梯；

　　③ 各种医用电梯。

（2）主要特点

　　双缸侧直顶驱动结构型式的液压电梯主要优点为：

　　① 结构简单，安装方便；

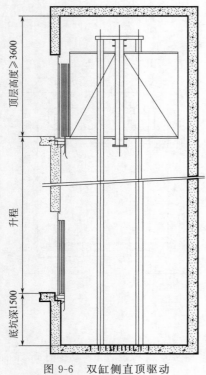

图 9-6　双缸侧直顶驱动

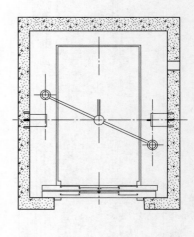

图 9-7　双缸侧直顶驱动两导轨布置平面图

② 稳定性好，运行平稳；

③ 轿厢平衡性好。

这种液压电梯存在的主要不足为提升高度受到限制。

（3）配置的基本要求

① 土建要求　电梯的顶层高度与底坑深度除了要满足标准要求外，还需要满足以下的条件：

a. 对于一级柱塞缸，顶层高度＋底坑深度＋提升高度＋1000mm。

b. 对于多级伸缩缸，根据土建与油缸实际情况确定。

② 油缸的同步要求　由于油缸的制造误差、柱塞与密封圈的配合差异以及油缸的安装误差，都会引起两个油缸在运行过程中的不同步，造成轿厢的倾斜与扭曲。解决油缸不同步问题需要从以下几个方面着手：

a. 轿厢架要有足够的强度，通过三通阀来分配流量，使进入每个油缸内的液压油流量达到均衡；

b. 在两个油缸间接平衡钢管，用来平衡两个油缸内的压力；

c. 对于特大吨位的电梯，可采用多缸同时作用形式，如四缸、六缸以及八缸等。

对于多缸电梯，油缸的同步问题显得尤为重要，特别是多级缸，还存在油缸的自同步问题。

9.3.4　侧（后）置背包式驱动

侧（后）置背包式驱动形式的液压电梯如图9-8所示。油缸设置于轿厢侧（后）面，在柱塞顶部安装一绳轮，钢丝绳一端固定于油缸架底部装置上，另一端通过绳轮固定于轿厢架上。该电梯的平面布置如图9-9所示。

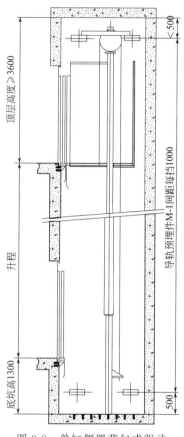

图9-8　单缸侧置背包式驱动

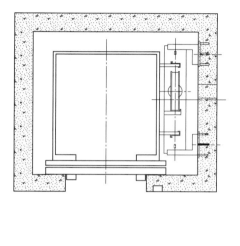

图9-9　侧置背包式驱动平面布置图

（1）适用范围

侧（后）置背包式驱动形式的液压电梯适用于载重量在1250kg以下的各类电梯。

（2）主要特点

侧（后）置背包式驱动形式的液压电梯主要优点为：

① 结构紧凑，是一种最常用的结构；

② 提升高度高，最大可达30m以上。

这种液压电梯存在的主要不足为：由于是背包式结构，导致导轨水平受力，即受力不平衡。

（3）电梯配置的基本要求

① 由于导轨受侧向力，导轨支架的密度比较密，1m一挡，需在井道壁埋设预埋件或圈梁。

② 由于导轨上侧向力的影响，对导靴的要求比较高，一般使用滚轮导靴。

9.3.5 后置四导轨驱动

后置四导轨驱动形式液压电梯的结构如图 9-10 所示。油缸设置于轿厢后面，在柱塞顶部安装一绳轮，钢丝绳一端固定于油缸架底部装置上，另一端通过绳轮固定于轿厢架上，主导轨设置于轿厢的两侧。其平面布置如图 9-11 所示。

（1）适用范围

后置四导轨驱动形式的液压电梯适用于载重量在 1250kg 以下的各种电梯。

（2）主要特点

后置四导轨驱动形式的液压电梯主要优点为：

① 能有效地改善主导轨的侧向受力；

② 结构紧凑，制造维修方便；

③ 提升高度高，最大也可达 30m 以上。

该电梯的不足之处主要表现为：虽然改善了导轨的侧向力，但没有从根本上解决问题，所以载重量还是在 1250kg 以下。

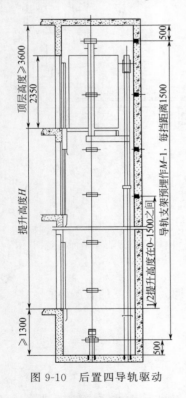

图 9-10 后置四导轨驱动

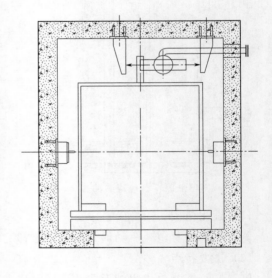

图 9-11 后置四导轨驱动平面布置图

（3）电梯配置的基本要求

① 由于导轨受侧向力，导轨支架的密度比较密，1m 一挡，需在井道壁埋设预埋件或圈梁。

② 由于导轨上侧向力的影响，对导靴的要求比较高，一般使用滚轮导靴。

【思考题】

9-1　什么叫液压电梯？它适合于哪些应用场合？

9-2　简述液压电梯的优缺点。

9-3　简述液压电梯的工作原理。

9-4　液压电梯常见的驱动形式有几种？请比较中心直顶驱动与侧置背包式驱动的形式各自的异同处。

模块十　杂物电梯

【知识目标】
　　① 杂物电梯是一种专供垂直运送小型物件而设计的电梯。
　　② 杂物电梯的工作原理和基本构造与一般垂直电梯基本相同。

【能力目标】
　　① 了解杂物电梯的应用范围和主要参数。
　　② 认识杂物电梯的基本结构。
　　③ 了解杂物电梯的安全保护与运行控制。

【知识链接】

10.1　杂物电梯概述

10.1.1　杂物电梯的用途

　　杂物电梯是一种专供垂直运送小型物件而设计的电梯，用于规定楼层的固定式升降设备。它具有一个轿厢，就其尺寸和结构而言，轿厢不允许人员进入，轿厢至少部分地在两列垂直或与垂直方向倾斜角小于 15°的刚性导轨之间运行。由于杂物电梯具有体积小、功能全、运送平稳、价格低廉等特点，广泛应用于餐厅食堂运送饭菜及工厂、图书馆等运送杂物。

　　为了满足不能进入人员的条件，杂物电梯的轿厢可以由一个或几个空间组成，每个空间的地板面积不应大于 $1.00m^2$，内部的高度和宽度均不应大于 1.20m，内部的深度不应大于 1.00m。杂物电梯的额定载重量一般不大于 250kg，额定速度一般不大于 1.0m/s。

　　现在市场上按控制方式大体将杂物电梯分为两种，即由微机控制和 PLC 控制。按工作方式将杂物电梯分为窗台式和落地式两种，其速度从 0.4m 到 1.0m 不等。为了安装方便，杂物电梯大都使用框架式的结构，此种结构安装方便，使用空间小，且不使用专门的井道。

10.1.2　杂物电梯主要参数和规格

　　杂物电梯主要用于运送图书、食品等小型货物，适用食堂、餐厅、托儿所、图书馆等。

因此，它的主要参数和规格不同于一般电梯。具体参数和规格详见表 10-1。

表 10-1 杂物电梯的主要参数和规格

额定重量/kg	40	100	250
轿厢宽度 A /mm	600	800	1000
轿厢深度 B /mm	600	800	1000
轿厢高度/mm	800	800	1200
井道宽度 C /mm	900	1100	1500
井道深度 D /mm	800	1000	1200

10.1.3 杂物电梯的发展趋势

未来杂物电梯的发展主要从技术和节能环保两个方面研究开发。如采用工业级 PLC 电脑控制，使电梯更加运行平稳，操作方便；采用直分式手动开门，轿厢采用发纹不锈钢板，使电梯美观大方；采用无机房设计，有效利用空间，降低土建成本；选择落地式或窗台式设计，使电梯适用于各种场合应用。从节能环保的角度，杂物电梯将更加注重轻型无毒材料作为设计成形的首选，同时采用更加节能的驱动形式和低噪声的运行方式，不断满足社会日益发展的需要。

10.2 杂物电梯的基本构造

国家标准 GB/T 7025.3—2008《电梯主参数及轿厢、井道、机房的型式与尺寸 第 3 部分：Ⅴ类电梯》、GB 25194—2010《杂物电梯制造与安装安全规范》中，对杂物电梯的主要性能参数、结构原理、设计要点、制造要求和安装安全规范等都做了明确规定。这里只做简单介绍。

杂物电梯的工作原理和基本构造与一般垂直电梯的基本相同。按井道结构型式划分，杂物电梯可分为框架结构式和土建结构式两种。按装载方式划分，杂物电梯可分为窗台式和落地式两种。

杂物电梯一般由电气部分和机械部分组成，电气部分由曳引电机、电控箱、呼梯盒、磁感应器、极限开关等组成；机械部分由曳引机、井道框架、导轨与支撑架、轿厢、对重、层门等部件组成。具体构造如图 10-1 所示。

10.2.1 杂物电梯井道和机房

（1）井道

杂物电梯的井道除尺寸大小与一般电梯不同外，其他方面的要求与一般电梯相似。井道最好不设在人能进入的空间上方。

① 井道的顶部间距 曳引驱动的杂物电梯在轿厢或对重完全压实在缓冲器上时，井道顶部必须提供不少于 100mm 的净空距离。

② 井道的底坑 井道的底坑应光滑、平整、不漏水和渗水。底坑深度一般不小于

0.3m，并应保证轿厢或对重在压实缓冲器后，其结构与地面的垂直距离不小于100mm。

井道的基本尺寸及规格如图10-2所示。

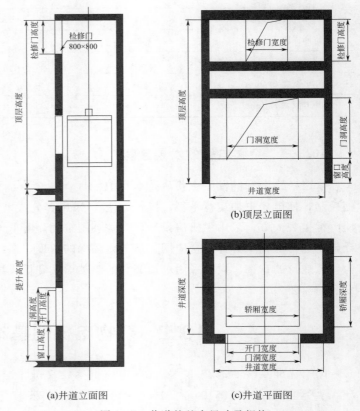

图 10-1　杂物电梯基本构造

图 10-2　井道的基本尺寸及规格

(a)井道立面图　　(b)顶层立面图　　(c)井道平面图

（2）机房

杂物电梯的驱动主机和其辅助设备应设置在单独的机房或井道中的机房内。若机房内未设主开关，则应在入口处设停止开关。

10.2.2　驱动与悬挂装置

（1）杂物电梯的驱动

杂物电梯的驱动允许使用钢丝绳曳引式驱动和钢丝绳或链条的强制式驱动。使用卷筒和钢丝绳的强制驱动不应设对重，使用链轮和链条的强制驱动可设对重，但必须防止轿厢或对重落在缓冲器上时链条从链轮上脱开和链条发生扭折卡阻。

（2）制动装置

杂物电梯必须设常闭式的机电制动器，当轿厢有125％额定载荷以额定速度向下运行时断电，制动器应能使轿厢可靠制停。

（3）悬挂装置

杂物电梯的轿厢和对重可用钢丝绳或钢质链条悬挂，悬挂的钢丝绳和链条应不少于2

根，每根应是独立的，其安全系数应不小于 8。曳引驱动的钢丝绳一般公称直径不小于 6mm，驱动机构的曳引轮、滑轮或卷筒的节圆直径应不小于悬挂钢丝绳公称直径的 30 倍。

钢丝绳与轿厢、对重或悬挂部位的连接，可采用金属或树脂浇灌锥套、自锁楔形绳套、绳夹固定和插接绳环等方法，但连接部位的强度应不小于钢丝绳破断负荷的 80%。至少在悬挂装置的一端应设调节和自动平衡各绳、链张力的装置，若用弹簧平衡张力，则必须在压缩状态下工作。

强制驱动时，缠绕钢丝绳的卷筒应有螺旋绳槽，槽形应与所用钢丝绳相适应。钢丝绳在卷筒上只能单层缠绕，并在轿厢完全压在缓冲器上时，卷筒上应保留不少于一圈半的钢丝绳。工作中钢丝绳相对于绳槽的偏角（放绳角）应不大于 4°。

用链条悬挂时，链轮的齿不得小于 15 个，每根链条在链轮上的啮合数不得小于 6 个。

10.2.3　轿厢、层门

(1) 轿厢

轿厢的额定载重量不大于 300kg，内部的高度不大于 1.20m，超过时应设隔板。内部的深度不大于 1.00m。

有多个入口的轿厢和额定载重量大于 250kg 的单入口轿厢，应在入口处设门或入口保护装置，以防止运行时装载的物件跌落到轿厢外面去。若使用网格门，则要求考虑运送的物体及载荷。

(2) 层门

井道上层门开口可与地面齐平，称之为地屏式；也可在地面之上，称之为窗台式，但其净高度和净宽度超出轿厢入口的净尺寸均不得大于 50mm。

层门地坎与轿厢下沿的水平距离应不大于 30mm。垂直滑动门的门扇应悬挂在两个独立的部件上，悬挂部件的安全系数不小于 8。若用钢丝绳，则绳轮（滑轮）直径应不小于钢丝绳直径的 25 倍。层门应有门锁和电气安全联锁装置，且在每道层门上应设紧急开锁装置，可以在层站外用三角钥匙将层门打开，并在停止开锁动作后门锁能自动恢复锁闭状态。

10.2.4　导向装置

由于速度低、载荷轻，导轨可用轧制型钢制成。

10.3　安全保护与运行控制

(1) 限速器-安全钳装置

电力驱动的杂物电梯均应在轿厢上设安全钳。如果井道底下有人可以进入的空间，则轿厢和对重均应设安全钳。杂物电梯的安全钳可以选择瞬时结构式的。

安全钳动作使轿厢制停后，应有电气安全装置使驱动主机停止运转并保持停止状态。限速器钢丝绳的公称直径不小于 6mm，安全系数不小于 8，绳轮的节圆直径不小于钢丝绳直径的 30 倍。

（2）缓冲器

缓冲器可选用额定速度不大于 1.0m/s 的聚氨酯缓冲器，也可选择其他类型的缓冲器。

（3）下行障碍保护装置

当曳引驱动电梯在遇到障碍使钢丝绳打滑时，电气安全装置应在超过全行程正常运行时间 10s 前使驱动主机停止运转，并保持停止状态。

（4）停止开关

在底坑的入口处和无主开关的机房入口处应设置停止开关。

（5）运行控制系统

运行控制系统一般有基站控制型和层站相互控制型两种。前者只在基站设各层的操作按钮，其他层站只设呼梯蜂鸣按钮，在其他层站呼梯或要轿厢到另一层站时，用蜂鸣器按钮通知基站，由基站对轿厢运行进行操纵。而层站相互控制型在每个层站都设有层站的操作按钮，召唤轿厢时只要按本层的按钮，要轿厢到另一层站时，只要按下目的层站的按钮即可。

【思考题】

10-1　杂物电梯与一般电梯比较有何不同？

10-2　杂物电梯主要适用于什么场合？对它有哪些要求？

10-3　既然杂物电梯不用于载人，那么安全保护是否可以降低要求呢？

附　录

附录一　电梯常用名词术语

一、一般术语

1. 平层准确度 leveling accuracy　轿厢到站停靠后，轿厢地坎上平面与层门地坎上平面之间垂直方向的偏差值。

2. 电梯额定速度 rated speed of lift　电梯设计所规定的轿厢速度。

3. 检修速度 inspection speed　电梯检修运行时的速度。

4. 额定载重量 rated load；rated capacity　电梯设计所规定的轿厢内最大载荷。

5. 电梯提升高度 travelling height of lift；lifting height of lift　从底层端站楼面至顶层端站楼面之间的垂直距离。

6. 机房 machine room　安装一台或多台曳引机及其附属设备的专用房间。

7. 机房高度 machine room height　机房地面至机房顶板之间的最小垂直距离。

8. 机房宽度 machine room width　机房内沿平行于轿厢宽度方向的水平距离。

9. 机房深度 machine room depth　机房内垂直于机房宽度的水平距离。

10. 机房面积 machine room area　机房的宽度与深度乘积。

11. 辅助机房；隔层；滑轮间 secondary machine room；compartment；pulley room　机房在井道的上方时，机房楼板与井道顶之间的房间。它有隔音的功能，也可安装滑轮、限速器和电气设备。

12. 层站 landing　各楼层用于出入轿厢的地点。

13. 层站入口 landing entrance　在井道壁上的开口部分，它构成从层站到轿厢之间的通道。

14. 基站 main landing；main floor；home landing　轿厢无投入运行指令时停靠的层站。一般位于大厅或底层端站乘客最多的地方。

15. 预定基站 predetermined landing　并联或群控控制的电梯轿厢无运行指令时，指定停靠待命运行的层站。

16. 底层端站 bottom terminal landing　最低的轿厢停靠站。

17. 顶层端站 top terminal landing　最高的轿厢停靠站。

18. 层间距离 interfloor distance　两个相邻停靠层站层门地坎之间距离。

19. 井道 well；shaft；hoistway　轿厢和对重装置或（和）液压缸柱塞运动的空间。此空间是以井道底坑的底井道壁和井道顶为界限的。

20. 单梯井道 single well　只供一台电梯运行的井道。

21. 多梯井道 multiple well；common well　可供两台或两台以上电梯运行的井道。

22. 井道壁 well enclosure；shaft well　用来隔开井道和其他场所的结构。

23. 井道宽度 well width；shaft width　平行于轿厢宽度方向，井道壁内表面之间的水平距离。

24. 井道深度 well depth；shaft depth　垂直于井道宽度方向，井道壁内表面之间的水平距离。

25. 底坑 pit　底层端站地板以下的井道部分。

26. 底坑深度 pit depth　由底层端站地板至井道底坑地板之间的垂直距离。

27. 顶层高度 headroom height；height above the highest level served；top height　由顶层端站地板至井道顶，板下最突出构件之间的垂直距离。

28. 井道内牛腿；加腋梁 haunched beajm　位于各层站出入口下方井道内侧，供支撑层门地坎所用的建筑物突出部分。

29. 围井 trunk　船用电梯用的井道。

30. 围井出口 hatch　在船用电梯的围井上，水平或垂直设置的门口。

31. 开锁区域 unlocking zone　轿厢停靠层站时在地坎上、下延伸的一段区域。当轿厢底在此区域内时门锁方能打开，使开门机动作，驱动轿门、层门开启。

32. 平层 leveling　在平层区域内，使轿厢地坎与层门地坎达到同一平面的运动。

33. 平层区 leveling zone　轿厢停靠站上方和（或）下方的一段有限区域。在此区域内可以用平层装置来使轿厢运行达到平层要求。

34. 开门宽度 door opening width　轿厢门和层门完全开启的净宽。

35. 轿厢入口 car entrance　在轿厢壁上的开口部分，它构成从轿厢到层站之间的正常通道。

36. 轿厢入口净尺寸 clear entrance to the car　轿厢到达停靠站，轿厢门完全开启后所测得门口的宽度和高度。

37. 轿厢宽度 car width　平行于轿厢入口宽度的方向，在距轿厢底 1m 高处测得的轿厢壁两个内表面之间的水平距离。

38. 轿厢深度 car depth　垂直于轿厢宽度的方向，在距轿厢底部 1m 高处测得的轿厢壁两个内表面之间水平距离。

39. 轿厢高度 car height　从轿厢内部测得地板至轿厢顶部之间的垂直距离（轿厢顶灯罩和可拆卸的吊顶在此距离之内）。

40. 电梯司机 lift attendant　经过专门训练、有合格操作证的授权操纵电梯的人员。

41. 乘客人数 number of passenger　电梯设计限定的最多乘客量（包括司机在内）。

42. 油压缓冲器工作行程 working stroke of oil buffer　油压缓冲器柱塞端面受压后所移动的垂直距离。

43. 弹簧缓冲器工作行程 working stroke of spring buffer　弹簧受压后变形的垂直距离。

44. 轿底间隙 bottom clearances for car　当轿厢处于完全压缩缓冲器位置时，从底坑地面到安装在轿厢底下部最低构件的垂直距离（最低构件不包括导靴、滚轮、安全钳和护脚板）。

45. 轿顶间隙 top clearances for car　当对重装置处于完全压缩缓冲器位置时，从轿厢顶部最高部分至井道顶部最低部分的垂直距离。

46. 对重装置顶部间隙 top clearances for counterweight　当轿厢处于完全压缩缓冲器的位置时，对重装置最高的部分至井道顶部最低部分的垂直距离。

47. 对接操作 docking operation　在特定条件下，为了方便装卸货物的货梯，轿门和层门均开启，使轿厢从底层站向上，在规定距离内以低速运行，与运载货物设备相接的操作。

48. 隔层停靠操作 skip-stop operation　相邻两台电梯共用一个候梯厅，其中一台电梯服务于偶数层站，而另一台电梯服务于奇数层站的操作。

49. 检修操作 inspection operation　在电梯检修时，控制检修装置使轿厢运行的操作。

50. 电梯曳引型式 traction types of lift　曳引机驱动的电梯，机房在井道上方的为顶部曳引型式，机房在井道侧面的为侧面曳引型式。

51. 电梯曳引绳曳引比 hoist ropes ratio of lift　悬吊轿厢的钢丝绳根数与曳引轮单侧的钢丝绳根数之比。

52. 消防服务 fireman service　操纵消防开关能使电梯投入消防员专用的状态。

53. 独立操作 independent operation　靠钥匙开关操纵轿厢内按钮使轿厢升降运行。

二、电梯零部件术语

1. 缓冲器 buffer　位于行程端部，用来吸收轿厢动能的一种弹性缓冲安全装置。

2. 油压缓冲器；耗能型缓冲器 hydraulic buffer；oil buffer　以油作为介质吸收轿厢或对重产生动能的缓冲器。

3. 弹簧缓冲器；蓄能型缓冲器 spring buffer　以弹簧变形来吸收轿厢或对重产生动能的缓冲器。

4. 减振器 vibrating absorber　用来减小电梯运行振动和噪声的装置。

5. 轿厢 car；lift car　运载乘客或其他载荷的轿体部件。

6. 轿厢底；轿底 car platform；platform　在轿厢底部，支撑载荷的组件。它包括地板、框架等构件。

7. 轿厢壁；轿壁 car enclosures；car walls　由金属板与轿厢底、轿厢顶和轿厢门围成的一个封闭空间。

8. 轿厢顶；轿顶 car roof　在轿厢的上部，具有一定强度要求的顶盖。

9. 轿厢装饰顶 car celling　轿厢内顶部装饰部件。

10. 轿厢扶手 car handrail　固定在轿厢壁上的扶手。

11. 轿顶防护栏杆 car top protection balustrade　设置在轿顶上部，对维修人员起防护作用的构件。

12. 轿厢架；轿架 car frame　固定和支撑轿厢的框架。

13. 开门机 door operator　使轿门和（或）层门开启或关闭的装置。

14. 检修门 access door　开设在井道壁上，通向底坑或滑轮间供检修人员使用的门。

15. 手动门 manually operated door　用人力开关的轿门或层门。

16. 自动门 power operated door　靠动力开关的轿门或层门。

17. 层门；厅门 landing door；shaft door；hall door　设置在层站入口的门。

18. 防火层门；防火门 fire-proof door　能防止或延缓炽热气体或火焰通过的一种层门。

19. 轿厢门；轿门 car door　设置在轿厢入口的门。

20. 安全触板 safety edges for door　在轿门关闭过程中，当有乘客或障碍物触及时，轿门重新打开的机械门保护装置。

21. 铰链门；外敞开 hinged doors　门的一侧为铰链连接，由井道向通道方向开启的层门。

22. 栅栏门 collapsible door　可以折叠，关闭后成栅栏形状的轿厢门。

23. 水平滑动门 horizontally sliding door　沿门导轨和地坎槽水平滑动开启的门。

24. 中分门 center opening door　层门或轿门，由门口中间各自向左、右以相同速度开启的门。

25. 旁开门；双折门；双速门 two-speed sliding door；two-panel sliding door；two speed door　层门或轿门的两扇门，以两种不同速度向同一侧开启的门。

26. 左开门 left hand two speed sliding door　面对轿厢，向左方向开启的层门或轿门。

27. 右开门 right hand two speed sliding door　面对轿厢，向右方向开启的层门或轿门。

28. 垂直滑动门 vertically sliding door　沿门两侧垂直门导轨滑动开启的门。

29. 垂直中分门 bi-parting door　层门或轿门的两扇门，由门口中间以相同速度各自向上、下开启的门。

30. 曳引绳补偿装置 compensating device for hoist ropes　用来平衡由于电梯提升高度过高、曳引绳过长造成运行过程中偏重现象的部件。

31. 补偿链装置 compensating chain device　用金属链构成的补偿装置。

32. 补偿绳装置 compensating rope device　用钢丝绳和张紧轮构成的补偿装置。

33. 补偿绳防跳装置 anti-rebound of compensation rope device　当补偿绳张紧装置超出限定位置时，能使曳引机停止运转的电气安全装置。

34. 地坎 sill　轿厢或层门入口处出入轿厢的带槽金属踏板。

35. 轿厢地坎 car sill；plate threshold　轿厢入口处的地坎。

36. 层门地坎 landing sills；sill elevator entrance　层门入口处的地坎。

37. 轿顶检修装置 inspection device on top of the car　设置在轿顶上部，供检修人员检修时应用的装置。

38. 轿顶照明装置 car top light　设置在轿顶上部，供检修人员检修时照明的装置。

39. 底坑检修照明装置 light device of pit inspection　设置在井道底坑，供检修人员检修时照明的装置。

40. 轿厢内指层灯；轿厢位置指示 car position indicator　设置在轿厢内，显示其运行层站的装置。

41. 层门门套 landing door jamb　装饰层门门框的构件。

42. 层门指示灯 landing indicator；hall position indicator　设置在层门上方或一侧，显

示轿厢运行层站和方向的装置。

43. 层门方向指示灯 landing direction indicator   设置在层门上方或一侧，显示轿厢运行方向的装置。

44. 控制屏 control panel   有独立的支架，支架上有金属绝缘底板或横梁，各种电子器件和电气元件安装在底板或横梁上的一种屏式电控设备。

45. 控制柜 control cabinet；controller   各种电子器件和电气元件安装在一个有防护作用的柜形结构内的电控设备。

46. 操纵箱；操纵盘 operation panel；car operation panel   用开关、按钮操纵轿厢运行的电气装置。

47. 警铃按钮 alarm button   设置在操纵盘上操纵警铃的按钮。

48. 停止按钮；急停按钮 stop button；stop switch；stopping device   能断开控制电路使轿厢停止运行的按钮。

49. 邻梯指示灯 position indicator of adjacent car   在轿厢内反映相邻轿厢运行状态的指示装置。

50. 梯群监控盘 group control supervisory panel；monitor panel   梯群控制系统中，能集中反映各轿厢运行状态，可供管理人员监视和控制的装置。

51. 曳引机 traction machine；machine driving；machine   包括电动机、制动器和曳引轮在内的靠曳引绳和曳引轮槽摩擦力驱动或停止电梯的装置。

52. 有齿轮曳引机 geared machine   电动机通过减速齿轮箱驱动曳引轮的曳引机。

53. 无齿轮曳引机 gearless machine   电动机直接驱动曳引轮的曳引机。

54. 曳引轮 driving sheave；traction sheave   曳引机上的驱动轮。

55. 曳引绳 hoist ropes   连接轿厢和对重装置，并靠与曳引轮槽的摩擦力驱动轿厢升降的专用钢丝绳。

56. 绳头组合 rope fastening   曳引绳与轿厢、对重装置或机房承重梁连接用的部件。

57. 端站停止装置 terminal stopping device   当轿厢将达到端站时，强迫其减速并停止的保护装置。

58. 平层装置 leveling device   在平层区域内，使轿厢达到平层准确度要求的装置。

59. 平层感应板 leveling inductor plate   可使平层装置动作的金属板。

60. 极限开关 final limit Switch   当轿厢运行超越端站停止装置时，在轿厢或对重装置未接触缓冲器之前，强迫切断主电源和控制电源的非自动复位的安全装置。

61. 超载装置 overload device；overload indicator   当轿厢超过额定载重量时，能发出警告信号并使轿厢不能运行的安全装置。

62. 称量装置 weighing device   能检测轿厢内荷载值，并发出信号的装置。

63. 召唤盒；呼梯按钮 calling board；hall buttons   设置在层站门一侧，召唤轿厢停靠在呼梯层站的装置。

64. 随行电缆 traveling cable；trailing cable   连接于运行的轿厢底部与井道固定点之间的电缆。

65. 随行电缆架 traveling cable support   在轿厢底部架设随行电缆的部件。

66. 钢丝绳夹板 rope clamp   夹持曳引绳，能使绳距和曳引轮绳槽距一致的部件。

67. 绳头板 rope hitch plate 架设绳头组合的部件。

68. 导向轮 deflector sheave 为增大轿厢与对重之间的距离，使曳引绳经曳引轮再导向对重装置或轿厢一侧而设置的绳轮。

69. 复绕轮 secondary sheave；double wrap sheave；sheave traction secondary 为增大曳引绳对曳引轮的包角，将曳引绳绕出曳引轮后经绳轮再次绕入曳引轮，这种兼有导向作用的绳轮为复绕轮。

70. 反绳轮 diversion sheave 设置在轿厢架和对重框架上部的动滑轮。根据需要，曳引绳绕过反绳轮可以构成不同的曳引比。

71. 导轨 guide rails；guide 供轿厢和对重运行的导向部件。

72. 空心导轨 hollow guide rail 由钢板经冷轧折弯成空腹 T 形的导轨。

73. 导轨支架 rail brackets；rail support 固定在井道壁或横梁上，支撑和固定导轨用的构件。

74. 导轨连接板（件）fishplate 紧固在相邻两根导轨的端部底面，起连接导轨作用的金属板（件）。

75. 导轨润滑装置 rail lubricate device 设置在轿厢架和对重框架上端两侧，为保持导轨与滑动导靴之间有良好润滑的自动注油装置。

76. 承重梁 machine supporting beams 敷设在机房楼板上面或下面，承受曳引机自重及其负载的钢梁。

77. 底坑护栏 pit protection grid 设置在底坑，位于轿厢和对重装置之间，对维修人员起防护作用的栅栏。

78. 速度检测装置 tachogenerator 检测轿厢运行速度，将其转变成电信号的装置。

79. 盘车手轮 handwheet；wheet；manual wheel 靠人力使曳引轮转动的专用手轮。

80. 制动器扳手 brake wrench 松开曳引机制动器的手动工具。

81. 机房层站指示器 landing indicator of machine room 设置在机房内，显示轿厢运行所处层站的信号装置。

82. 选层器 floor selector 一种机械或电气驱动的装置。用于执行或控制下述全部或部分功能：确定运行方向、加速、减速、平层、停止、取消呼梯信号、门操作、位置显示和层门指示灯控制。

83. 钢带传动装置 tape driving device 通过钢带，将轿厢运行状态传递到选层器的装置。

84. 限速器 overspeed governor；governor 当电梯的运行速度超过额定速度一定值时，其动作能导致安全钳起作用的安全装置。

85. 限速器张紧轮 governor tension pulley 张紧限速器钢丝绳的绳轮装置。

86. 安全钳装置 safety gear 限速器动作时，使轿厢或对重停止运行，保持静止状态，并能夹紧在导轨上的一种机械安全装置。

87. 瞬时式安全钳装置 instantaneous safety gear 能瞬时使夹紧力达到最大值，并能完全夹紧在导轨上的安全钳。

88. 渐进式安全钳装置 progressive safety gear；gradual safety 采取特殊措施，使夹紧力逐渐达到最大值，最终能完全夹紧在导轨上的安全钳。

89. 钥匙开关盒 key switch board 一种供专职人员使用钥匙才能使电梯投入运行或停止的电气装置。

90. 门锁装置；联锁装置 door interlock；locks；door locking device 轿门与层门关闭后锁紧，同时接通控制回路，轿厢方可运行的机电联锁安全装置。

91. 层门安全开关 landing door safety switch 当层门未完全关闭时，使轿厢不能运行的安全装置。

92. 滑动导靴 sliding guide shoe 设置在轿厢架和对重装置上，其靴衬在导轨上滑动，使轿厢和对重装置沿导轨运行的导向装置。

93. 靴衬 guide shoe busher；shoe guide 滑动导靴中的滑动摩擦零件。

94. 滚轮导靴 roller guide shoe 设置在轿厢架和对重装置上，其滚轮在导轨上滚动，使轿厢和对重装置沿导轨运行的导向装置。

95. 对重装置；对重 counterweight 由曳引绳经曳引轮与轿厢相连接，在运行过程中起平衡作用的装置。

96. 消防开关盒 firemans switch board 发生火警时，可供消防人员将电梯转入消防状态使用的电气装置。一般设置在基站。

97. 护脚板 toe guard 从层站地坎或轿厢地坎向下延伸，并具有平滑垂直部分的安全挡板。

98. 挡绳装置 ward off rope devuce 防止曳引绳越出绳轮槽的安全防护部件。

99. 轿厢安全窗 top car emergency exit；car emergency opening 在轿厢顶部向外开启的封闭窗，供安装、检修人员使用或发生事故时援救和撤离乘客的轿厢应急出口。窗上装有当窗扇打开即可断开控制电路的开关。

100. 轿厢安全门；应急门 car emergency exit；emergency door 同一井道内有多台电梯，在相邻轿厢壁上并向内开启的门，供乘客和司机在特殊情况下离开轿厢而改乘相邻轿厢的安全出口。门上装有当门扇打开即可断开控制电路的开关。

101. 近门保护装置 proximity protection device 设置在轿厢出入口处，在门关闭过程中，当出入口有乘客或障碍物时，通过电子元件或其他元件发出信号，使门停止关闭，并重新打开的安全装置。

102. 紧急开锁装置 emergency unlocking device 为应急需要，在层门外借助层门上三角钥匙孔可将层门打开的装置。

103. 紧急电源装置；应急电源装置 emergency power device 电梯供电电源出现故障而断电时，供轿厢运行到邻近层站停靠的电源装置。

三、控制方式常用术语

1. 手柄开关操纵；轿内开关控制 car handle control；car switch operation 电梯司机转动手柄位置（开断/闭合）来操纵电梯运行或停止。

2. 按钮控制 pushbutton control；pushbutton operation 电梯运行由轿厢内操纵盘上的选层按钮或层站呼梯按钮来操纵。某层站乘客将呼梯按钮揿下，电梯就启动运行去应答。在电梯运行过程中如果有其他层站呼梯按钮揿下，控制系统只能把信号记存下来，不能去应答，而且也不能把电梯截住，直到电梯完成前应答运行层站之后，方可应答其他层站呼梯信号。

3. 信号控制 signal control；signal operation 把各层站呼梯信号集合起来，将与电梯运行方向一致的呼梯信号按先后顺序排列好，电梯依次应答接运乘客。电梯运行取决于电梯司机操纵，而电梯在何层站停靠由轿厢操纵盘上的选层按钮信号和层站呼梯按钮信号控制。电梯往复运行一周可以应答所有呼梯信号。

4. 集选控制 collective selective control；selective collective automatic operation 在信号控制的基础上把呼梯信号集合起来进行有选择的应答。电梯为无司机操纵。在电梯运行过程中可以应答同一方向所有层站呼梯信号和按照操纵盘上的选层按钮信号停靠。电梯运行一周后若无呼梯信号，就停靠在基站待命。为适应这种控制特点，电梯在各层站停靠时间可以调整，轿门设有安全触板或其他近门保护装置，轿厢设有过载保护装置等。

5. 下集合控制 down-collective control；down-collective auto-matic operation 集合电梯运行下方向的呼梯信号。如果乘客欲从较低的层站到较高的层站去，须乘电梯到底层基站后再乘电梯到要去的高层站。

6. 并联控制 duplex/triplex control 共用一套呼梯信号系统，把两台或三台规格相同的电梯并联起来控制。无乘客使用电梯时，经常有一台电梯停靠在基站待命，称为基梯；另一台电梯则停靠在行程中间预先选定的层站，称为自由梯。当基站有乘客使用电梯并启动后，自由梯即刻启动前往基站，充当基梯待命。当有除基站外其他层站呼梯时，自由梯就近先行应答，并在运行过程中应答与其运行方向相同的所有呼梯信号。如果自由梯运行时出现与其运行方向相反的呼梯信号，则在基站待命的电梯就启动前往应答。先完成应答任务的电梯就近返回基站或中间选下的层站待命。

7. 梯群控制；群控 group control for lifts；group automatic operation 具有多台电梯客流量大的高层建筑物中，把电梯分为若干组，每组 4～6 台电梯，将几台电梯的控制连在一起，分区域进行有程序或无程序的综合统一控制，对乘客需要电梯情况进行自动分析后，选派最适宜的电梯及时应答呼梯信号。

附录二 三菱、日立、东芝、奥的斯电梯的主要部件及相关安全装置的实物图

部件	品牌	实物图	备注
曳引机	三菱		
	日立		
	东芝		
	奥的斯		

部件	品牌	实物图	备注
层门	三菱		
	日立		
	东芝		
	奥的斯		

部件	品牌	实物图	备注
门机	三菱		
	日立		
	东芝		
	奥的斯		

部件	品牌	实物图	备注
门锁	三菱		
	日立		
	东芝		
	奥的斯		

部件	品牌	实物图	备注
导靴	三菱		
	日立		
	东芝		
	奥的斯		

部件	品牌	实物图	备注
限速装置和安全钳	三菱		
	日立		
	东芝		
	奥的斯		

部件	品牌	实物图	备注
限速装置和安全钳	三菱		
	日立		
	东芝		
	奥的斯		

部件	品牌	实物图	备注
缓冲器	三菱		
	日立		
	东芝		
	奥的斯		

部件	品牌	实物图	备注
终端限位防护装置	三菱		
	日立		
	东芝		
	奥的斯		

部件	品牌	实物图	备注
控制柜	东芝		
	日立		
	三菱		
	奥的斯		

部件	实物图	备注
导轨		空心
		实心
电源开关		机房低压供电箱
		机房配电箱
		一楼急停开关
		底坑急停开关

部件	实物图	备注
电源开关		井道照明开关
其他安全保护装置		轿顶防护栏
		对重装置与对重防护栏
		轿厢护脚板

部件	实物图	备注
其他安全保护装置		轿厢门机械式安全触板
		绳头式称量检测装置
		门刀装置

续表

部件	实物图	备注
其他安全保护装置		轿底平衡块装置
		轿底照明急停电气控制装置
		轿底超载保护装置
		轿顶安全钳提拉装置

部件	实物图	备注
其他安全保护装置		轿顶安全钳电气开关
		底坑张紧装置电气开关
		轿厢隔磁平层装置与导轨隔磁板装置

附录三 电梯

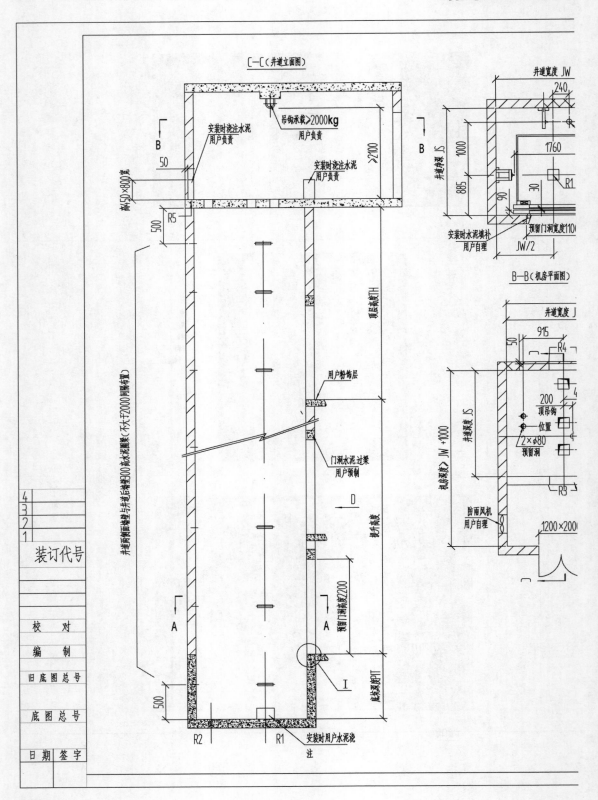

土建整体布置图

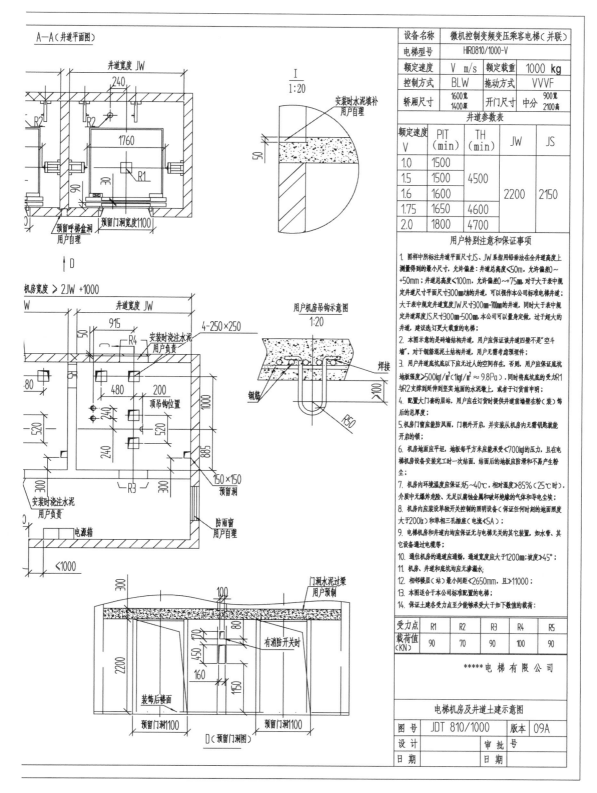

设备名称	微机控制变频变压乘客电梯（并联）			
电梯型号	HIR0810/1000-V			
额定速度	V m/s		额定载重	1000 kg
控制方式	BLW		拖动方式	VVVF
轿厢尺寸	1600宽 1400深		开门尺寸	900宽 中分 2100高

井道参数表

额定速度 V	PIT (min)	TH (min)	JW	JS
1.0	1500			
1.5	1500	4500		
1.6	1600		2200	2150
1.75	1650	4600		
2.0	1800	4700		

用户特别注意和保证事项

1. 图样中所标注井道平面尺寸JS、JW系指用铅垂法在全井道高度上测量得到的最小尺寸。允许偏差：井道总高度<50m时，允许偏差0～+50mm；井道总高度<100m时，允许偏差0～+75mm；对于大于表中规定井道尺寸平面尺寸300mm的井道，可以作件本公司标准电梯井道；大于表中规定井道宽度JW尺寸300mm～700mm的井道，同时大于表中规定井道深度JS尺寸300mm～500mm，本公司可以量身定做。过于超大的井道，请选订更大载重的电梯。
2. 本图示意的是砖墙结构井道，用户应保证该井道四壁为"空斗墙"，对于钢筋混凝土结构井道，用户无需考虑预留埋件；
3. 用户应保证井道底坑以下应无出人的空间存在。否则，用户应保证底坑地面强度≥5000kg/m²（1kg/m² ≈ 9.8Pa），同时将底坑底的受力R1与R2支撑并延伸到坚实地面的水泥墙上，或者于订货前申明；
4. 配置大门套的层站，用户应在订货时提供井道前墙整修装修（装）饰后的总厚度；
5. 用户门窗应能防风雨，门朝外开启，并安装从机房内无需钥匙就能开启的锁；
6. 机房地面应整平坦，地板每平方米应能承受<700kg/m²的压力，且在电梯机房设备安装完工时一次结面。结面后的地板应防滑和不易产生粉尘；
7. 机房内环境温度应保证为5～40℃，相对湿度≤85%（25℃时）。介质无爆炸危险、无足以腐蚀金属和破坏绝缘的气体和导电尘埃；
8. 机房内应设置单独开关控制的照明设备，保证任何时刻的地面照度大于200lx）和单相三孔插座（电流<5A）；
9. 电梯机房和井道内均应保证无与电梯无关的其它装置，如水管、其它设备通过电缆等；
10. 通往机房的通道应通畅，通道宽度应大于1200mm；坡度<45°；
11. 机房、井道和底坑均应无渗漏水；
12. 相邻楼层（站）最小间距≥2650mm，且>11000；
13. 本图适合于本公司标准配置的电梯；
14. 保证土建各受力点至少能够承受大于如下数值的载荷：

受力点	R1	R2	R3	R4	R5
载荷值 (KN)	90	70	90	100	90

***** 电梯有限公司**

电梯机房及井道土建示意图			
图号	JDT 810/1000	版本	09A
设计		审批 号	
日期		日期	

业主和土建承包商应完成的工作

1、本图适用提升高度H<6m，允许偏差-15mm～+15mm。
2、当水平跨度(L)>15.3m时需加对中间支撑位置基本居中。
3、安装之前，所有洞必须设有高度不小于1.2m的安全防护围封，并应保证有足够的强度。
4、底坑内应防水，排水孔应设在墙角处。
5、根据技术参数表中的要求配备电源，电源应设保护的开关且上锁并把线拉到上机房。电源波动范围不应超过±7%。电源零线和接地线应分开，且接地电阻值不大于4Ω。
6、当扶手中心线与任何障碍物之间的距离需小于500mm时，用户需在外盖板上方设立一个无锐利边缘的垂直防碰挡板，高度不应小于300mm。
7、用户如有特殊要求，需经厂家技术认可，方可签约。

THE WORK THAT CUSTOMER AND CONTRACTOR HAVE TO DO
1. This drawing is fit for the products which rise H<6m,the permitted tolerance is -15mm～+15mm.
2.Before installed, all holes have to be enveloped with the safety guard which height is not less than 1.2m and guarantee the sthengh is enough.
3.There should be anti water inside pit. The location of plash should be at the basement.
4. According to the requirement of the technology data, the power supply with the safety switch is setting at the machine room.The fluctuation of voltage can not over than ±7%. The N wire and earth wire should be seperated and the ground resistance is not more than 4 Ω.
5.The corresponding parameter about machine should reference SEB.
6.If the customer need the photoelectricity VFstart, there should be a space for multifunction installed , the distance between the space and the comb crossline is at least 1.3m.
7.If the customer have any special request, should cotract after being agreed by the comany technology.

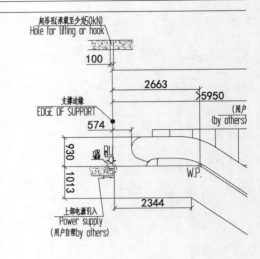

起吊孔(承载至少为50kN)
Hole for lifting or hook

支撑边缘
EDGE OF SUPPORT

上部电源引入
Power supply
(用户自理by others)

(用户)
(by others)

W.P.

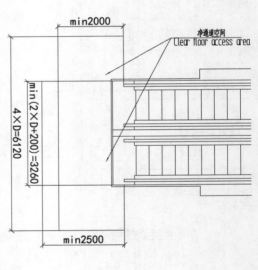

净通道空间
Clear floor access area

细节 I
DETAIL I
标准支撑图(STANDARD SUPPORT)

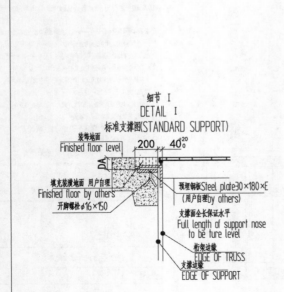

装饰地面
Finished floor level

填充装潢地面 用户自理
Finished floor by others

开脚螺栓φ16×150

预埋钢板Steel plate30×180×E
(用户自理by others)

支撑面全长保证水平
Full length of support nose to be ture level

桁架边缘
EDGE OF TRUSS

支撑边缘
EDGE OF SUPPORT

扶梯土建布置图

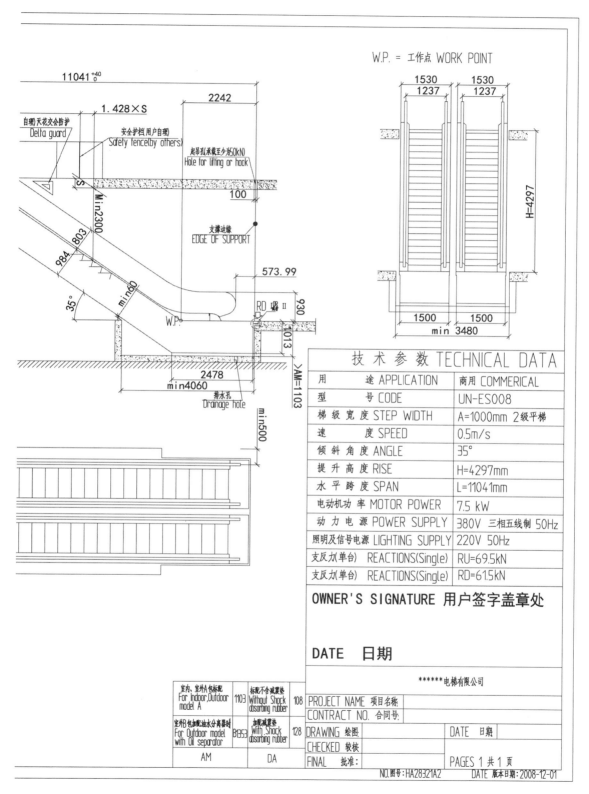

W.P. = 工作点 WORK POINT

11041 +40/0

2242

1.428×S

自理天花交会防护
Delta guard

安全护挡(用户自理)
Safety fence(by others)

起吊孔(承载至少为50kN)
Hole for lifting or hook

支撑边缘
EDGE OF SUPPORT

100

573.99

Min2300

984 803

min0

35°

W.P.

RD 嗯 II

930

1013

≥AM=1103

2478
min4060

排水孔
Drainage hole

min500

1530 1530
1237 1237

H=4297

1500 1500
min 3480

技 术 参 数 TECHNICAL DATA	
用　　　途 APPLICATION	商用 COMMERICAL
型　　　号 CODE	UN-ES008
梯 级 宽 度 STEP WIDTH	A=1000mm 2级平梯
速　　　度 SPEED	0.5m/s
倾 斜 角 度 ANGLE	35°
提 升 高 度 RISE	H=4297mm
水 平 跨 度 SPAN	L=11041mm
电动机功 率 MOTOR POWER	7.5 kW
动 力 电 源 POWER SUPPLY	380V 三相五线制 50Hz
照明及信号电源 LIGHTING SUPPLY	220V 50Hz
支反力(单台) REACTIONS(Single)	RU=69.5kN
支反力(单台) REACTIONS(Single)	RD=61.5kN

OWNER'S SIGNATURE 用户签字盖章处

DATE　日期

******电梯有限公司

室内,室外A包标配 For Indoor,Outdoor model A	1103	标配不含减震垫 Without Shock absorbing rubber	108	PROJECT NAME 项目名称:		
				CONTRACT NO. 合同号:		
室外B包加配油水分离器型 For Outdoor model with Oil separator	B1153	加配减震垫 With Shock absorbing rubber	128	DRAWING 绘图		DATE　日期
				CHECKED 较核		
AM		DA		FINAL 批准:		PAGES 1 共 1 页

NO.图号:HA28321A2　　DATE 版本日期:2008-12-01

参考文献

［1］ 李乃夫 . 电梯结构与原理 ［M］. 北京：机械工业出版社，2014.

［2］ 贺德明，肖伟平 . 电梯结构与原理 ［M］. 广州：中山大学出版社，2009.

［3］ 陈恒亮 . 电梯结构与原理 ［M］. 北京：中国劳动和社会保障出版社，2008.

［4］ GB 7588—2003 电梯制造与安装安全规范 ［S］. 北京：中国标准出版社，2016.

［5］ GB 16899—2011 自动扶梯和自动人行道的安装安全规范 ［S］. 北京：中国标准出版社，2011.